essentials

essentials liefern aktuelles Wissen in konzentrierter Form. Die Essenz dessen, worauf es als „State-of-the-Art" in der gegenwärtigen Fachdiskussion oder in der Praxis ankommt. *essentials* informieren schnell, unkompliziert und verständlich

- als Einführung in ein aktuelles Thema aus Ihrem Fachgebiet
- als Einstieg in ein für Sie noch unbekanntes Themenfeld
- als Einblick, um zum Thema mitreden zu können

Die Bücher in elektronischer und gedruckter Form bringen das Fachwissen von Springerautor*innen kompakt zur Darstellung. Sie sind besonders für die Nutzung als eBook auf Tablet-PCs, eBook-Readern und Smartphones geeignet. *essentials* sind Wissensbausteine aus den Wirtschafts-, Sozial- und Geisteswissenschaften, aus Technik und Naturwissenschaften sowie aus Medizin, Psychologie und Gesundheitsberufen. Von renommierten Autor*innen aller Springer-Verlagsmarken.

Weitere Bände in der Reihe https://link.springer.com/bookseries/13088

Bernd-J. Madauss

Was Projektleiter wissen müssen

 Springer Vieweg

Bernd-J. Madauss
Bad Aibling, Deutschland

ISSN 2197-6708   ISSN 2197-6716   (electronic)
essentials
ISBN 978-3-662-65300-5   ISBN 978-3-662-65301-2   (eBook)
https://doi.org/10.1007/978-3-662-65301-2

Die Deutsche Nationalbibliothek verzeichnet diese Publikation in der Deutschen Nationalbiblio-
grafie; detaillierte bibliografische Daten sind im Internet über http://dnb.d-nb.de abrufbar.

Planung/Lektorat: Alexander Grün
Springer Vieweg ist ein Imprint der eingetragenen Gesellschaft Springer-Verlag GmbH, DE und
ist ein Teil von Springer Nature.
Die Anschrift der Gesellschaft ist: Heidelberger Platz 3, 14197 Berlin, Germany

Was Sie in diesem *essential* finden können

- Eine Definition der Projektmanagement-Kernaufgaben
- Die Beschreibung einzelner Projektphasen und der Projektstruktur
- Wichtige Grundsätze des Projektmanagements und der Projektorganisation

Vorwort

Der Fokus dieses Buches ist darauf gerichtet, „was Projektleiter wissen müssen", um die volle Verantwortung zur Leitung eines Projektes übernehmen zu können. Für große und komplexe Projekte trifft das in besonderem Maße zu. Die Erlangung des erforderlichen Wissens zur Leitung eines Projekts, wie es in diesem Buch in konzentrierter Form beschrieben ist, ist für Projektleiter deshalb keine Option, sondern eine Notwendigkeit. Deshalb sollten Behörden und Unternehmen ihr Projektpersonal durch Schulung und *training-on-the-job* rechtzeitig auf zukünftige Leitungsaufgaben vorbereiten.

Die Zielgruppen dieses Buches sind vor allem Projektleiter und deren Teams in Behörden und Unternehmen. Wegen der Branchenvielfalt können die Inhalte aber auch mühelos als Muster verstanden und auf eigene Bedürfnisse und Begrifflichkeiten übertragen werden. Ein weiteres Anliegen war mir, dass die in diesem Buch beschriebenen Erfahrungen von Großprojekten ohne große Mühe auf mittelgroße und kleine Projekte übertragen werden können. Für Leser, die an vertiefenden Informationen interessiert sind, gibt es zu allen Kapiteln Querverweise zu meinem o. g. Buch „Projektmanagement – Theorie und Praxis aus einer Hand" [1]. Zusätzliche Informationen sind in den Anhängen A und B wiedergegeben:

A Definition der verwendeten Begriffe
B Definition der Projektgrößen klein, mittel und groß

2021/2020 ist die achte Auflage meines Buches „Projektmanagement – *Theorie und Praxis aus einer Hand*" im Springer-Verlag erschienen. Darin sind alle wesentlichen Aspekte des modernen Projektmanagements ausführlich behandelt.

Unter Bezugnahme auf das Buch sind für den schnellen Leser in den vorliegenden *essentials* die wichtigsten Themen, die Projektleiter zur erfolgreichen Projektabwicklung wissen müssen, konzentriert und leicht verständlich zusammengefasst.

Bernd-J. Madauss

Inhaltsverzeichnis

Über den Autor

Bernd-J. Madauss Der Autor kann auf ein über fünfzigjähriges erfolgreiches Berufsleben als Entwicklungsingenieur und Manager zurückblicken. Highlights seiner beruflichen Laufbahn:

- **ELDO Paris,** *Project Control Engineer der Satellitenträgerrakete Europa III, Vorläufer der ARIANE-Trägerrakete*

- **MBB Raumfahrt München,** *Leitung der Hauptabteilung Project Operation*

- **SES Luxembourg,** *Senior Program Manager Astra Satellite Fleet*

- **YahSat Abu Dhabi UAE,** *Corporate Advisor und acting CTO*

- **CGWIC Beijing China,** *Bauüberwachung des In China gefertigten Satelliten Túpac Katari 1 der bolivianischen Raumfahrtagentur ABE*

- **SCT Muscat Sultanat Oman,** *Corporate Advisor*

- **International Space University (ISU) Strasbourg,** *Faculty Member and Visiting Professor*

Bad Aibling, im März 2022

Abkürzungsverzeichnis

ACWP	Actual Cost Work Performed
AG	Auftraggeber
AN	Auftragnehmer
AP	Arbeitspaket (s. a. WP)
APB	Arbeitspaketbeschreibung (s. a. WPD)
ATP	Authority to Proced (Arbeitsfreigabe)
AW	Arbeitswert
BAC	Budget at Completion
BCWP	Budgeted Cost Work Performed
BCWS	Budgeted Cost Work Scheduled
CAC	Cost at Completion
CCB	Change Control Board
CCN	Contract Change Notice
CDR	Critical Design Review
CER	Cost Estimation Relationship
CM	Configuration Management
COFI	Configuration
CTC	Cost to Completion
DIL	Deliverable Items List
DOCU	Documentation
DRL	Data/Document Requirement List
DTC	Design to Cost
EAC	Expected Actual Cost
ECP	Engineering Change Proposal
ECSS	European Cooperation for Space Standardization
EM	Engineering Manager

ESA	European Space Agency, Paris
EVM	Earned Value Management
FACI	First Article Configuration Inspection
F&E	Forschung und Entwicklung
FMECA	Failure Modes Effects Criticality Analysis
GU	Generalunternehmer (s. a. TKC)
ICD	Interface Control Document
IPCE	Independent Parametric Cost Estimate
JV	Joint Venture
LCC	Life Cycle Cost (s. a. LZK)
LZK	Lebenszykluskosten (s. a. LCC)
MBC	Master-Bar-Chart
Mgmt	Management
MO	Matrixorganisation
MRB	Material Review Board
MRD	Mission Requirement Definition
MTBF	Mean-Time-Between-Failure
NASA	National Aeronautics and Space Administration
PA	Product Assurance (s. a. PS)
PC	Project Control
PDR	Preliminary Design Review
PK	Plankosten
PL	Projektleitung (s. a. PM)
PM	Projektmanagement (s. a. PL)
PMO	Project Management Office
PS	Produktsicherung (s. a. PA)
PSP	Projektstrukturplan (s. a. WBS)
RM	Risikomanagement
ROI	Return on Investment
SCR	System Concept Review
SE	Systems Engineering (s. a. ST)
SOW	Statement of Work (oder Work Statement)
SPR	System Production Review
SR	System Requirement
SS	Subsystem (Untersystem)
SSR	System Specification Review
ST	Systemtechnik (s. a. SE)
SW	Software

SWOT	Strengths, Weaknesses, Opportunities and Threats
TKC	Turn-Key-Contractor (s. a. GU)
TPC	Technical Performance Control
WBS	Work Breakdown Structure (s. a. PSP)
WP	Wok Package (s. a. AP)
WPD	Wok Package Description (s. a. APB)

Einleitung und Übersicht

Der Projektleiter (PL) muss kein Alleskönner sein. Aber er muss managen können – das ist eine wichtige Grundvoraussetzung! Was kommt auf ihn zu? Zum Beispiel die Veränderung seines bisherigen Berufsbildes vom Fachmann zum Manager. Der zukünftige Projektleiter ist nicht mehr der Spitzenfachmann, der alle Projektbereiche im Detail beherrscht, sondern jemand, der eine übergeordnete integrierende Leitungsverantwortung übernimmt und Spezialaufgaben an Fachbereiche delegiert. Im Eigeninteresse müssen Unternehmen dafür Sorge tragen, dass die Transformation vom Fachmann zum Manager im Rahmen eines Schulungsprogramms erfolgt. Bei Kleinprojekten stellt sich die Situation wegen des geringeren Projektvolumens aber oft anders dar. Der PL muss in dem Fall oft gleichzeitig mehrere Aufgaben in Personalunion wahrnehmen, zum Beispiel gleichzeitig Projekt- und Fachaufgaben.

Die Projektleitung ähnelt für eine begrenzte Zeit der Leitung eines Unternehmens. Ähnlich wie die Geschäftsführer eines Unternehmens sind Projektleiter Geschäftsführer eines Projektes und für die erfolgreiche Erledigung der gestellten Aufgabe verantwortlich. Das trifft für alle Projektgrößen zu. Der erforderliche Führungsaufwand verhält sich relativ zur jeweiligen Projektgröße. Projektleitung ist ohne Zweifel eine wichtige und verantwortungsvolle Führungsaufgabe. Deshalb müssen Projektleiter neben der Methodenkenntnis auch über eine entsprechende Führungsqualifikation verfügen. Vorteilhaft ist es, wenn zukünftige Projektleiter über ausgewogene theoretische und in der Praxis erworbene Erfahrungen verfügen. Professionelle Projektarbeit trägt maßgeblich zum technologischen und wirtschaftlichen Unternehmenserfolg bei. Das trifft ganz besonders für Unternehmen mit innovativen Aufgabenstellungen zu. Die Qualifikation der beteiligten Projektmitarbeiter spielt dabei eine maßgebliche Rolle.

© Der/die Autor(en), exklusiv lizenziert an Springer-Verlag GmbH, DE, ein Teil von Springer Nature 2022
B.-J. Madauss, *Was Projektleiter wissen müssen,* essentials,
https://doi.org/10.1007/978-3-662-65301-2_1

Der Projektleiter ist im Rahmen nationaler oder internationaler Wettbewerbs-
bedingungen und der geplanten Termin- und Kostengrenzen für die Erfüllung der
Projektaufgaben verantwortlich. Das wird am Beispiel des „Managementdrei-
ecks" in Abb. 1.1 verdeutlicht [2]. Die drei Verantwortungsbereiche *Aufgaben
(A), Termine (T) und Kosten (K)* sind miteinander verknüpft. Die Veränderung
eines dieser Parameter, z. B. **A,** führt in der Regel zur Veränderung von **B** und/
oder **C.** Dies gilt natürlich auch im umgekehrten Fall, wenn z. B. **K** verändert
wird, kann das einen Einfluss auf Parameter **A** und/oder **T** haben.

Bei der in Abb. 1.1 definierten Managementverantwortung handelt es sich um
eine bedeutende integrative Verantwortung der Projektleitung, um sicherzustellen,
dass die definierte Projektaufgabe im vereinbarten Zeit- und Kostenrahmen
abgewickelt wird. Eine wichtige Voraussetzung ist der Einsatz von qualifiziertem
Projektpersonal *(Projektleiter und Projektmitarbeiter).* Bei der Zusammensetzung
von Projektteams ist deshalb darauf zu achten, dass das Schlüsselpersonal über
entsprechende theoretische Kenntnisse und praktische Erfahrungen verfügt. Es
ist für Unternehmen aber oft schwer, diesen Anspruch zu gewährleisten, insbesondere dann, wenn mehrere Projekte gleichzeitig abzuwickeln sind und die
Personaldecke für qualifiziertes Personal dünn ist. Ein erprobter Weg zur Lösung
von Multi-Projektmanagementaufgaben ist die Implementation eines zentral

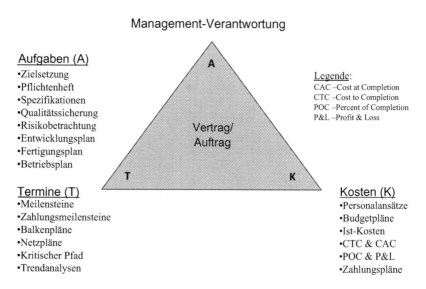

Abb. 1.1   Managementdreieck: Aufgaben, Termine, Kosten

angesiedelten Projektbüros *(Project Management Office – PMO)*, das für die Abwicklung aller Projekte des betreffenden Unternehmens zuständig ist. Das funktioniert aber nur, wenn das PMO auch über die erforderlichen Kompetenzen verfügt; s. Abschn. 3.1.3.

Die Übernahme der naturgemäß breitgefächerten Verantwortung für die Führung eines Projekts setzt voraus, dass der jeweils eingesetzte Projektleiter (PL) über eine entsprechende Führungsqualifikation verfügt. Dazu gehören sowohl theoretisches Managementwissen als auch in der Praxis erworbene Managementerfahrung. Es ist notwendig, dass   Projektleiter die in Abb. 1.1 definierte Ganzheit der PL-Verantwortung im Blick haben.

Aus der Vogelperspektive betrachtet lässt sich die PL-Aufgabe in drei Hauptbereiche gliedern:

1. fachspezifische Kernaufgaben (Kap. 2)
2. programmatische Aufgaben (Kap. 3)
3. Kosten und Verträge (Kap. 4)

Die in Kap. 2 beschriebenen fachspezifischen Kernaufgaben sind für die unterschiedlichen Sparten, wie z. B. Technik, Chemie, Biologie, Software, branchenspezifisch. Es ist deshalb empfehlenswert, dass der eingesetzte PL und sein Team über branchenspezifische Kenntnisse verfügen. Die programmatischen Projektaufgaben, wie z. B. Projektorganisation, s. Kap. 3, sowie Kosten und Verträge, s. Kap. 4, sind prinzipiell nicht branchenspezifisch.

Die Managementanforderungen sind für große, mittelgroße und kleine Projekte unterschiedlich stark ausgeprägt und können für Kleinprojekte in bestimmten Fällen sogar entfallen. Während es für ein Großprojekt z. B. zwingend notwendig ist, einen PSP (Projektstrukturplan) zu erstellen, kann für Kleinprojekte alternativ eine Aufgabenliste ausreichen, bzw. sogar entfallen, wenn das Projekt aus nur einem oder zwei Arbeitspaketen besteht. Es sollte jeder unnötige bürokratische Aufwand vermieden werden, *um nicht mit Kanonen auf Spatzen zu schießen.* Die Projektanforderungen sind in Kap. 2 bis 4 für große, mittelgroße und kleine Projekte in einer Anwendungsmatrix definiert.

Die Definition der Projektgröße ist im Zusammenhang mit der Unternehmensgröße zu sehen. Ein Großprojekt einer kleinen Firma kann für ein Großunternehmen z. B. als Kleinprojekt angesehen werden. In Anhang B sind Erfahrungswerte verschiedener Projektgrößen wiedergegeben [3].

Fachspezifische Kernaufgaben

2

Es ist empfehlenswert, dass der verantwortliche Projektleiter (PL) über ein gewisses Maß an Fachkompetenz der jeweiligen Sparte verfügt. Er ist dadurch besser in der Lage, in enger Zusammenarbeit mit den jeweiligen Fachexperten komplexe Projektaufgaben zu lösen. Bei einem technologischen Projekt kann es sich z. B. um die Integration und Feinabstimmung von mechanischen, elektrischen und hydraulischen Teilsystemen zu einem Gesamtsystem handeln. Das trifft auch für andere z. B. biologische oder medizinische Branchen zu. In nachfolgender Tab. 2.1 sind die fachspezifischen Kernaufgaben und ihre Anwendung für ein technisches Projekt genannt.

2.1 Projektziele

2.1.1 Projektanforderungen – auf den erfolgreichen Start kommt es an

Zu Projektbeginn sind die Projektziele zu beschreiben, aus denen dann System-anforderungen abzuleiten sind. Was man am Anfang eines Projektes verspricht, muss man am Ende auch halten. Wie aber beginnt man ein Projekt, denn *„aller Anfang ist schwer"?* Handelt es sich z. B. um ein Vorhaben, bei dem man auf Erfahrungen bereits abgeschlossener Projekte zurückgreifen kann, ist es einfacher, das gewünschte Ergebnis klar und eindeutig zu definieren als für ein sehr innovatives und komplexes Projekt, für das noch keine zuverlässigen Erfahrungen aus der Vergangenheit vorliegen.

    Deshalb ist es notwendig, zu Projektbeginn unter Berücksichtigung aller zum Zeitpunkt bekannten Randbedingungen in einem systematischen iterativen

B.-J. Madauss, *Was Projektleiter wissen müssen*, essentials, https://doi.org/10.1007/978-3-662-65301-2_2

Tab. 2.1 Fachspezifische Kernaufgaben

Kernaufgaben	Detaillierte Kern-aufgaben	Anwendung			Ref.: B.-J. Madauss Projekt-management [1]
		GP	MP	KP	
2.1 Projektziele	2.1.1 Projekt-anforderungen	X	X	X	Abschn. 9.2.2 Projektziel, S. 298
	2.1.2 Lastenheft/ Pflichtenheft	X	X	X	Abschn. 9.3.2 Pflichtenheft, S. 304
2.2 Lebenszyklus	2.2 Lebensyklus (alle Phasen)	X	O	N	Abschn. 4.1 Lebenszyklus; S. 109
	2.2.1 Konzeptphase	X	O	N	Abb. 4.13, S. 131
	2.2.2 Definitions-phase	X	O	N	Abb. 4.14, S. 133
	2.2.3 Ent-wicklungsphase	X	X	X	Abb. 4.15, S. 135
	2.2.4 Folgephasen	X	O	N	Abb. 4.16, S. 136
2.3 PSP und APs	–	X	O	N	Abschn. 9.3.3 PSP, S. 305
2.4 Projektplanung	2.4.1 Termin- und Ablaufplanung	X	X	O	Abschn. 9.3.4 Planung, S. 323
	2.4.2 Meilenstein-plan	X	O	O	Abschn. 9.3.4 Meilensteine, S. 335
	2.4.3 Zeitschätzung	X	O	O	Abschn. 9.3.4 Zeiten, S. 333
2.5 System-technik *(System Engineering)*	2.5.1 System-technische Prozesse	X	X	O	Abschn. 7.1.5 Systemtechnik, S. 226
	2.5.2 Spezi-fizierung	X	X	O	Abschn. 7.2 Spezi-fizierung, S. 228
	2.5.3 Spezi-fikationsbaum	X	X	N	Abschn. 7.2.2 Sp.-Gliederung, S. 233
	2.5.4 Schnittstellen	X	O	N	Abschn. 7.2.3 ICDs, S. 234

(Fortsetzung)

Tab. 2.1 (Fortsetzung)

Kernaufgaben	Detaillierte Kern-aufgaben	Anwendung			Ref.: B.-J. Madauss Projekt-management [1]
		GP	MP	KP	
2.6 Qualitäts-Management	2.6.1 Qualitäts-kontrolle	X	X	X	Abschn. 8.2.1 QS-Mgmt., S. 274
	2.6.2 Zuverlässig-keit	X	O	O	Abschn. 8.2.2 Zuverl.-Kosten, S. 275
	2.6.3 Produzenten-haftung	X	O	N	Abschn. 8.3 P'haftungs-Kosten, S. 280
2.7 Risiko-Management	2.7.1 Risiko-bereiche	X	X	O	Abschn. 19.2 Risiko-Mgmt., S. 676
	2.7.2 Risiko-bewertung	X	O	N	Abschn. 19.4.2 Bemessung, S. 687
	2.7.3 Risikover-meidung	X	O	N	Abschn. 19.5 R'Reduktion, S. 690

GP – Großprojekte **X** nominale Aufgabe
MP – Mittelgroße Projekte **O** optionale Aufgabe
KP – Kleinprojekte **N** nicht erforderlich

Prozess die wichtigsten Projektanforderungen[1] so detailliert wie möglich zu beschreiben. Sofern erforderlich, können Annahmen getroffen werden, die in den Folgeschritten des Projektverlaufs verifiziert und ggf. durch Fakten ersetzt werden müssen. Wunschvorstellungen, deren Erfüllung aus den verschiedensten Gründen wegen einer Kostenobergrenze, nicht oder nur teilweise erfüllbar sind, sollten vermieden werden. Die Projektanforderung sollte im Minimum folgende Kerndaten der obersten Projektebene *(top level)* enthalten, die im weiteren

---

[1] *Gängige Bezeichnungen sind: „Anforderungskatalog", „Leistungsverzeichnis", „Lastenheft [DIN 69901-5]" oder das englische Äquivalent „project requirements".*

Projektverlauf ggf. an die jeweils aktuelle Situation anzupassen bzw. zu modifizieren sind:

1. Die erwarteten Lieferungen und Leistungen: zu den Lieferungen *(deliverables)* zählen üblicherweise z. B. Hard- und Softwarelieferungen, Dienstleistungen sowie die erforderliche Projektdokumentation
2. Übersichtsterminplan: Master-Bar-Chart (MBC) und/oder Hauptmeilensteine (Start- und Liefertermine, Reviews, etc.)
3. Projektkosten: erste Abschätzung der Lebenszykluskosten (LZK) und ggf. Festlegung von Kostenobergrenzen *(ceiling costs)*
4. Projektfinanzierung: geplante Eigen- und Fremdfinanzierungen
5. Wirtschaftlichkeitsbetrachtung; ROI-Berechnung
6. Randbedingungen: alle zu beachtenden nationalen und internationalen gesetzlichen und betriebsinternen Regeln und Vorschriften
7. Risikobetrachtung: technisch, terminlich, kommerziell und personell
8. Kundeninformation: firmeninterner Auftrag oder externer Auftraggeber (Kunde)
9. Industrieorganisation: Kunde, Hauptauftragnehmer, Partner, Unterauftragnehmer und/oder Lieferanten
10. Projektleitung: Organisationsstrukturen, Schlüsselpersonal, Qualifikation der beteiligten Unternehmen und deren Projektpersonal und erforderliche Trainingsmaßnahmen

Die schriftlich fixierten Projektanforderungen[2] sind als Schlüsseldokument zu verstehen, auf dessen Basis die Projektleitung die Einhaltung der festgelegten Anforderungen und möglichen Abweichungen überwachen kann.

2.1.2 Lastenheft/Pflichtenheft

DIN 69901-5 definiert die Inhalte der Lasten- und Pflichtenhefte. Die Lasten- und Pflichtenhefte stehen sich diametral gegenüber; **s.** Abb. 2.1 [4]. Im Lastenheft[3] definiert der Kunde bzw. Auftraggeber (AG) die Gesamtheit

---

[2] *Um den Formalismus bei sehr kleinen Projekten möglichst klein zu halten, kann eine entsprechende Mitteilung oder E-Mail ausreichend sein.*

[3] Alternative Bezeichnungen für Lastenheft sind: Anforderungsspezifikation, Anforderungskatalog, Produktskizze, Produktspezifikation oder Kundenspezifikation.

Lastenheft (nach DIN 69901-5) ➡️	**Pflichtenheft** (nach DIN 69901-5)
Auftraggeber des Projekts	**Projektmanager und Projektteam**
Vom **Projekt-Auftraggeber** erstelltes Dokument, das die "Gesamtheit der Forderungen an die Lieferungen und Leistungen eines Auftragnehmers" enthält. („Wünsch-Dir-Was")	Vom **Projekt-Auftragnehmer** erstelltes Dokument, das die vom "Auftragnehmer erarbeiteten Realisierungsvorgaben" beinhaltet. Es beschreibt die "Umsetzung des vom Auftraggeber vorgegebenen Lastenhefts".
Beinhaltet technische und inhaltliche Vorgaben, die das Projekt erfüllen soll: WAS will der Auftraggeber? WIESO will das der Auftraggeber?	Basis für die vertraglich festgehaltenen Leistungen des Auftragnehmers. WAS wird geliefert?
wichtige Inhalte, die häufig im LH vorkommen: • allgemeine Projektangaben, • Beschreibung der Ausgangslage (IST-Zustand), • Ziele (SOLL-Zustand), • Voraussetzungen und Rahmenbedingungen, • Schätzung des Aufwands →Ressourcen, • Beschreibung der Anforderungen, • Wechselwirkungen zu anderen Projekten, • Vergleich mit bestehenden Lösungen, • Risiken, • Freigabevermerk.	wichtige Inhalte, die häufig im PH vorkommen: • allgemeine Projektangaben, • formulierte Aufgabenstellung, Ziele: Muss- und Kannkriterien, • Ergebnis der Problemanalyse, • Einschätzung der Machbarkeit, • Beschreibung der einzelnen Funktionen, • Projektorganisation, • Phasenplan (Meilensteine), • Ablaufkontrolle, • weitere Vereinbarungen, • Freigabevermerk.
Generelle Anforderungen: aktuell, übersichtlich, vollständig, kurz, präzise, eindeutig (frei von Widersprüchen), realisierbar, überprüfbar.	

Abb. 2.1 Lastenheft und Pflichtenheft

der Forderungen an den Auftragnehmer (AN); s. a. Abschn. 2.1.1. In der Regel geschieht das im Rahmen einer Angebotsaufforderung. Der Anbieter (Auftragnehmer) beschreibt dann im Rahmen seines Angebotes konkrete Lösungsvorschläge, einschließlich eventueller Beistellungen durch den Kunden, wie z. B. spezielle Geräte, Nutzung von Testanlagen, Software, etc.

International ist die Bezeichnung „*Statement of Work (SOW)*" geläufig, was dem Lastenheft entspricht. Das vom Anbieter kommentierte und/oder modifizierte SOW ist dann vergleichbar mit dem nach DIN 69901-5 definierten Pflichtenheft.

Die zu Projektbeginn zwischen AG und AN verhandelte und verabschiedete erste Version des Pflichtenhefts wird während der Projektfrühphasen A und B, die oft auch als Planungsphasen bezeichnet werden, weiter konkretisiert und verabschiedet. Die finale Fassung wird dann Vertragsbestandteil; s. Abschn. 4.2.1.

2.2 Lebenszyklus

Der Produkt-Lebenszyklus besteht aus mehreren Phasen, die in logischer Reihenfolge nacheinander verlaufen; s. Abb. 2.2. Eine Überlappung einzelner Phasen ist möglich. Der Ablauf beginnt mit der Zielvorgabe (s. Abschn. 2.1.1) und endet

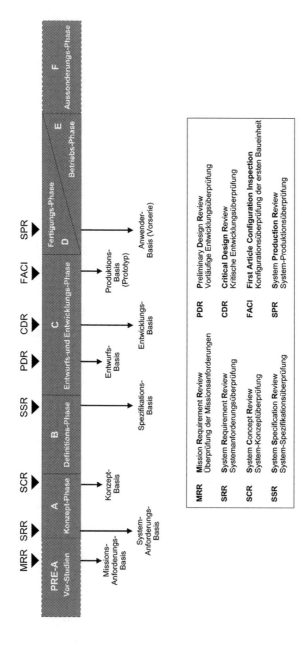

Abb. 2.2   Produkt-Lebenszyklus

mit der Entsorgung des Produkts. Fehler, die in den Frühphasen gemacht werden, haben oft große Auswirkungen auf die teuren Folgephasen. Der in Phasen gegliederte Lebenszyklus ist die Grundlage für die Ermittlung der Lebenszykluskosten (LZK); s. Abschn. 4.1.1. Die Zeitspanne zwischen Beginn und Ende kann bei komplexen Produkten, wie z. B. bei einem Verkehrssystem oder einem Verkehrsflugzeug, mehrere Jahre dauern; hierzu ein Beispiel aus dem Flugzeugbau mit einer angenommenen Gesamtdauer des Lebenszyklus von ca. sechzig Jahren:

- Entwicklungszeit: 8 bis 10 Jahre
- Produktionszeit: 1 bis 2 Jahre pro Flugzeug
- Nutzungszeit: bis zu 50 Jahre pro Flugzeug

Eine effiziente Projektentwicklung setzt voraus, dass zu Projektbeginn eine klare und eindeutige Zielsetzung, eine gründliche Planung *(Leistungsbeschreibung sowie Termin- und Kostenvorgaben)* und darauf aufbauend ein professionelles Projektmanagement zum Einsatz kommen. Im ersten Schritt muss ein Produktkonzept, einschließlich Alternativen, erarbeitet werden und darauf aufbauend eine erste vorläufige Wirtschaftlichkeitsbetrachtung, um die Lebenszykluskosten und den *Return on Investment (ROI)* zu ermitteln; s. Abschn. 4.1.1.

In Abb. 2.3 ist ein auf einer Statistik von Großprojekten beruhender relativer Kostenvergleich für alle Phasen gezeigt, aus dem hervorgeht, dass die Kosten für Phase A im Vergleich zur Phase C ca. 3 % betragen und für Phase B ca. 10 %, während der Entscheidungsspielraum in den beiden Frühphasen A und B sehr groß ist.

2.2.1 Konzeptphase

Die Konzeptphase (A) ist von besonderer Bedeutung, denn in ihr wird über konzeptionelle Lösungen und den damit in Verbindung stehenden Lebenszykluskosten (LZK) entschieden, die im Vergleich zu den Kosten der Phase A um ein Vielfaches höher sind; s. Abb. 2.3. Nachfolgend sind typische Aufgaben der Phase A wiedergegeben. Ein wichtiger Meilenstein ist die Überprüfung (Review) des Systemkonzepts (SCR) und die daran anschließende Freigabe der Folgephase B. In einigen Branchen ist es üblich, wegen besonderer Marktanalysen z. B. die Phase A durch eine „Pre-Phase A" zu ergänzen.

1. Projektstart
   - Leistungsparameter
   - Einsatzprofil

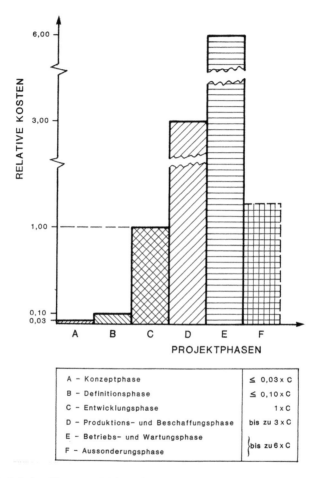

Abb. 2.3 Relativer Kostenvergleich der Projektphasen

- Technische Normen und Vorschriften
- Gesetzliche Vorschriften
- Vorhandener Technologiestand
- Terminvorgaben
- Budgetobergrenze

2. Systemuntersuchungen
   - Konzeptstudien und -vergleiche
   - Technologieuntersuchungen
   - Verträglichkeitsprüfungen
   - Wirtschaftlichkeitsbetrachtungen
3. **System-Konzeptüberprüfung** (*System Concept Review – SCR*)
4. Freigabe Phase B (Definition)

2.2.2 Definitionsphase

Die in der Definitionsphase (B) entwickelten Pläne und Spezifikationen sind eine wichtige Voraussetzung für den Beginn der Entwicklungsphase C. Zum Abschluss der Definitionsphase findet eine Überprüfung (Review) der technischen Systemspezifikationen (SSR) statt sowie die Freigabe der Phase C. Typische Aufgaben der Phase B sind nachfolgend gezeigt:

1. Ergebnisse der Phase A
2. Systementwurf
   - Systemstruktur
   - Systemauslegung & Berechnung
   - Zuverlässigkeitsanalysen
   - Spezifizierungsprozess
   - Kostenanalysen *(Design to Cost – DTC)*
3. **System-Spezifikationsüberprüfung** (*System Specification Review – SSR*)
4. Freigabe Phase C (Entwicklung)

2.2.3 Entwicklungsphase

In der Entwicklungsphase (C)wird die Systementwicklung des Produkts durchgeführt. Zu Beginn werden erste vorläufige Konstruktionsunterlagen sowie Komponenten- und Breadboard-Tests erstellt. Anschließend erfolgt eine erste Überprüfung (Review) der vorläufigen Entwicklungsunterlagen (PDR). Es erfolgt die Fertigstellung aller vorläufigen Unterlagen und Durchführung von Systemtests. Zur Verifizierung des Systems erfolgt eine kritische Überprüfung (CDR) und daran anschließend erfolgt eine System-Konfigurationsinspektion (FACI) der ersten Baueinheit zur Feststellung eventueller Bauabweichungen *(confirm build to print)*. Nachfolgend sind typische Aufgaben der Phase C wiedergegeben:

1. Ergebnisse der Phase B
2. Vorläufige Entwicklung
   - Systemzeichnungen
   - Berechnungen
   - Komponententests
   - Entwicklungstests
3. **Vorläufige Entwurfsüberprüfung** (*Preliminary Design Review – PDR*)
4. Finale Entwicklung
   - Systemzeichnungen
   - Detailzeichnungen
   - Berechnungen
   - Fertigung Prototypen
   - Testanlagen
   - Proto-Systemtests
   - Verifikationstests
5. **Kritische Entwurfsüberprüfung** *(Critical Design Review – CDR)*
   - Proto-Testauswertung
   - Fertigung der 1. Produktionseinheit
   - Abnahmetest der 1. Produktionseinheit
   - Erstellung der Systemdokumentation
6. **Inspektion des 1. Produktionsmusters (First Article Configuration Inspection – FACI)**
   - Konfigurationsüberprüfung des 1. Produktionsmusters
   - Prüfung der Produktionsdokumentation
7. **Produktionsfreigabe**

2.2.4 Folgephasen

- Anlagenplanung
- Fertigungsvorbereitung
- Fertigung & Zusammenbau Los 1
- Abnahmetests Los 1
- **System-Produktionsüberprüfung (System Production Review)**
- System-Implementation & Inbetriebnahme Los 1
- Außer-Dienststellung Los 1

2.3 Projektstrukturplan und Arbeitspakete

Der Projektstrukturplan (PSP), englische Bezeichnung *Work Breakdown Structure* (WBS), gliedert das Projekt bis zur untersten Ebene, einschließlich einzelner Arbeitspakete (APs). Der PSP ist ein wichtiges Managementinstrument und schafft die erforderliche Transparenz für alle technischen, terminlichen und finanziellen Projektaspekte. Vor allem bei großen und komplexen Projekten, deren Laufzeit nicht selten mehrere Jahre in Anspruch nimmt und an denen oft viele Firmen, Institutionen und Mitarbeiter beteiligt sind, ist der PSP eine wichtige Grundlage zur Festlegung der Zuständigkeiten. In Abb. 2.4 ist ein vierstufiges PSP-Beispiel der ESA für ein technisches System wiedergegeben. Falls erforderlich sind die in Abb. 3.1 beschriebenen standardisierten Managementfunktionen PM, ST und QS im PSP zu integrieren.

Auf der untersten PSP-Ebene befinden sich die Arbeitspakete (APs), mit deren Durchführung Fachabteilungen des jeweiligen Unternehmens oder Unterauftragnehmer vom PL beauftragt werden. Sie sind als eine firmeninterne vertragliche Abmachung zu verstehen. Das Beispiel einer AP-Beschreibung sowie deren Verbindung zum PSP sind in Abb. 2.5 gezeigt.

AP-Beschreibungen sind ein Mini-Pflichtenheft auf AP-Ebene, für die neben der Aufgabenbeschreibung auch detaillierte Termin- und Kostenpläne zu erstellen sind. Die Summe aller APs definiert den gesamten Leistungsumfang eines Projekts. Die wichtigsten Informationen der AP-Beschreibung sind wie folgt:

- AP-Titel
- PSP-Nr.
- AP-Manager *(Name)*
- Startdatum *(Tag, Monat & Jahr)*
- Fertigstellungsdatum *(Tag, Monat & Jahr)*
- AP-Ressourcen und Kosten
- Inputs *(Vorgaben)*
  - Dokumente *(Pläne, Prozeduren, etc.)*
  - Hardware *(Beistellungen)*
  - Software *(Beistellungen)*
- Aufgabenbeschreibung *(was zu tun ist)*
- Ausschlüsse *(Aufgaben, die explizit ausgeschlossen sind)*
- Outputs *(Ergebnisse)*
  - Hardware *(Lieferliste)*
  - Software *(Lieferliste)*
  - Dokumente *(Daten, Berichte, etc.)*

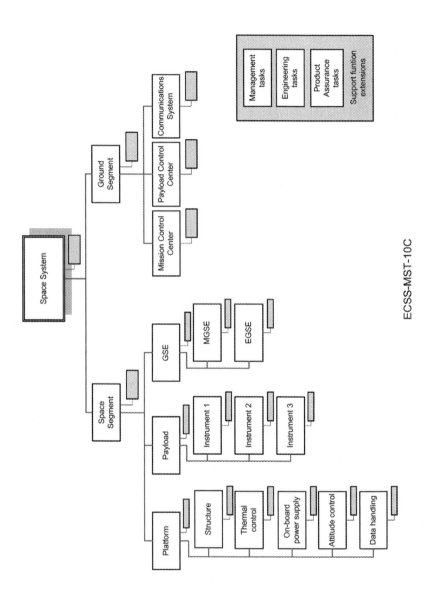

Abb. 2.4 PSP-Muster der ESA

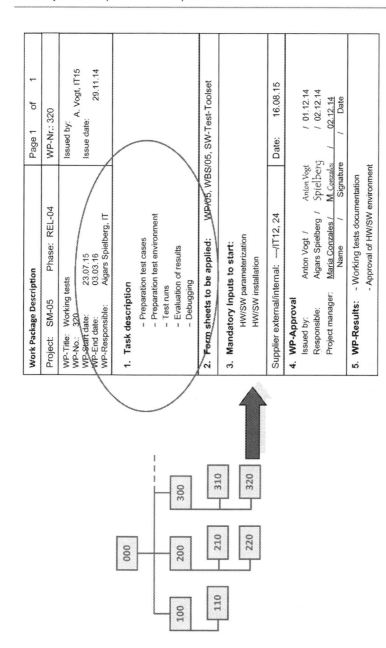

Work Package Description

Page 1 of 1

Project: SM-05   Phase: REL-04   WP-Nr.: 320

WP-Title: Working tests
WP-No.: 320   Issued by: A. Vogt, IT15
WP-Start date: 23.07.15   Issue date: 29.11.14
WP-End date: 03.03.16
WP-Responsible: Aigars Spielberg, IT

1. Task description
  – Preparation test cases
  – Preparation test environment
  – Test runs
  – Evaluation of results
  – Debugging

2. Form sheets to be applied: WP-05, WBS/05, SW-Test-Toolset

3. Mandatory Inputs to start:
  HW/SW parameterization
  HW/SW installation

Supplier external/internal: ----/IT12, 24   Date: 16.08.15

4. WP-Approval
  Issued by: Anton Vogt /   *Anton Vogt*   / 01.12.14
  Responsible: Aigars Spielberg /   *Spielberg*   / 02.12.14
  Project manager: Maria Conzales /   *M. Conzales*   / 02.12.14
  Name   /   Signature   /   Date

5. WP-Results: – Working tests documentation
  – Approval of HW/SW environment

Abb. 2.5 Standardformat einer AP-Beschreibung

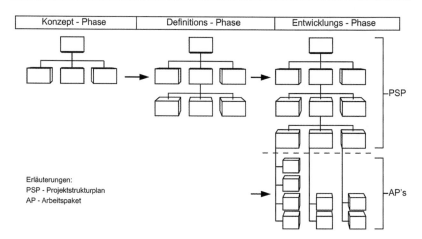

Abb. 2.6 PSP-Entwicklungsschritte für die Phase C/D

Die PSP-Erstellung beginnt in der Regel bereits in der Konzeptphase mit einer Systemgliederung der obersten Ebene und wird in der Definitionsphase (Phase B) vervollständigt, sodass zu Beginn der Phase C ein fertiger PSP einschließlich aller Arbeitspakete vorliegt. In Abb. 2.6 sind die typischen Entwicklungsschritte eines PSP für die Phase C beispielhaft wiedergegeben.

2.4   Projektplanung

Planung ist eine besonders wichtige Kernaufgabe des Projektmanagements und die Basis für eine systematische und effiziente Projektüberwachung. Pläne sind die Messlatte, um den Projektstand und Veränderungen messbar zu machen. Sie sind außerdem ein wichtiges Informationsinstrument. Bei der Erstellung von Plänen handelt es sich immer um eine Vorausschau in die Zukunft, also um eine Prognose. Die Planung zukünftiger Arbeitsabläufe, Termine und Kosten setzt Erfahrung voraus.

2.4.1   Termin- und Ablaufplanung

Planen ist zum gewissen Grad eine Kunst, die erlernt werden muss. Der Planer braucht ein gutes Vorstellungsvermögen und visionäre Weitsicht. Eine weitere wichtige Voraussetzung ist eine gute Kommunikation mit den Kollegen und ggf. auch mit Projektpartnern. Planen ist ein iterativer Prozess. In den Frühphasen, und insbesondere in Phase A, ist deshalb eine größtmögliche Flexibilität (Agilität) erforderlich, um durch Vergleichsanalysen *(Trade Offs)* und Optimierungen die bestmögliche Systemlösung herauszukristallisieren. Das Ergebnis ist ein vorläufiger übergeordneter Haupt-Terminplan *(Master-Bar-Chart - MBC)* einschließlich Hauptmeilensteinen; s. Abb. 2.7.

Der übergeordnete Haupt-Terminplan *(planning baseline)* ist für alle hierarchisch untergeordneten Detailpläne eine verbindliche Referenz. Bei Großprojekten sind oft mehrere Planungsebenen erforderlich. Nach dem *top down*-Prinzip sind die Detailpläne passgerecht zum Haupt-Terminplan zu erstellen, und nach dem *bottom-up*-Prinzip erfolgt durch die Detailpläne eine Verifizierung des Haupt-Terminplans. Änderungen des Haupt-Terminplans müssen nach festen Regeln erfolgen.

2.4.2 Meilensteinplan

Die Definition von Projektmeilensteinen ist in Ergänzung zu den bekannten Planungstechniken *(Balkenpläne und Netzpläne)* ein wirkungsvolles Verfahren zur Fortschrittskontrolle. Die Definition von Meilensteinen oder Schlüsselereignissen muss so erfolgen, dass eine wirkungsvolle Erfolgskontrolle möglich ist. Meilensteine lassen sich nach folgenden Kriterien definieren:

1. Start- und Abschluss-Ereignisse (Freigaben und Endprodukte):
   - Gesamtprojekt (Projektbeginn und -ende)
   - Projektphasen (Phasenbeginn und -ende)
   - Teilprojekte/Untersysteme (Beginn und Ende)
   - Arbeitspakete (Beginn und Ende)
   - usw.
2. Test- und Lieferereignisse (Test abgeschlossen und/oder Produkt abgeliefert):
   - Hardware
   - Dokumentation
   - Software
3. Planungsschnittstellen (Verknüpfungen zu anderen Plänen)
4. Projektüberprüfungen

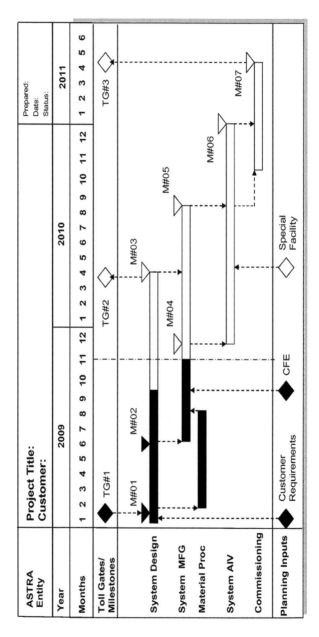

Abb. 2.7 Beispiel eines Haupt-Terminplans (MBC)

2.4.3 Zeitschätzung

Die Zeitschätzung ist eine sehr verantwortungsvolle Aufgabe des Projektmanagements. Oft werden zum Projektbeginn Annahmen getroffen, die nicht einzuhalten sind. Dies resultiert nicht selten aus der Leichtfertigkeit, mit der dem Problem der Zeitschätzung begegnet wird. In vielen Fällen steht die Zeitschätzung am Ende einer langen Kette von Projekt-Vorbereitungstätigkeiten, und zum Schluss müssen dann noch schnell die erforderlichen Zeiten ermittelt werden. Die für die Zeitschätzung herangezogenen Ingenieure sind oft nicht auf diese Tätigkeit vorbereitet und verfügen meistens auch nicht über diesbezügliche Erfahrungen aus der Vergangenheit. Es ist deshalb kein Wunder, dass die Terminplanung unter solchen Voraussetzungen oft weit neben der Realität liegt. Die Termin- und Ablaufplanung ist aber ein wichtiges Fundament für die Kostenschätzung und die Festlegung von verbindlichen Vertragsterminen. Wenn immer möglich, sollten bei der Schätzung Zuschläge *(margins)* für Unvorhergesehenes berücksichtigt werden.

Wenn Prognosen aus den verschiedensten Gründen nicht wie geplant eintreffen, führt das zum Verlust von Glaubwürdigkeit. Insbesondere bei Projekten mit hohem Innovationsgehalt ist die Termin- und Kostenschätzung oft besonders schwierig, was zu gravierende Fehleinschätzungen führt. Durch folgende Maßnahmen lassen sich Fehleinschätzungen minimieren oder sogar vermeiden und die Planungs-Glaubwürdigkeit *(confidence)* verbessern:

- Einsatz von Experten mit praktischen Erfahrungen
- Berücksichtigung von Erfahrungen abgeschlossener Projekte; *„benchmarking"*
- Einsatz erprobter Methoden, wie z. B. rechnergestützte Kostenschätzmodelle; s. Abschn. 4.1.3

Die Erstellung von Plänen erfolgt schrittweise. Zu Projektbeginn ist ein vorläufiger Übersichtsplan („Masterplan") mit den Hauptmeilensteinen zu erstellen, der dann nach dem Top-Down-Prinzip im frühen Projektverlauf sukzessive überarbeitet wird; s. Abschn. 2.4.1.

2.5   Systemtechnik

Systemtechnik (ST) und Projektmanagement (PM) sind eng miteinander verbunden. Die gewählte Systemarchitektur ist entscheidend für die Entwicklung und Herstellung eines technisch und wirtschaftlich optimalen Systems, um im globalen Wettbewerb auf Dauer bestehen zu können. D. h. man muss versuchen, im Vergleich zur Konkurrenz den Wettbewerb in folgenden Bereichen zu gewinnen (s. Abb. 1.1):

a) Leistung *(Aufgabe)* **besser**
b) Termine **schneller**
c) Kosten **billiger**

Um Marktführer zu werden bzw. zu bleiben, müssen innovative Technologien entwickelt und Prozesse optimiert werden. Dass von SpaceX neu entwickelte Konzept zur Rückführung von Raketenunterstufen zum Startplatz, anstatt sie nach getaner Arbeit verlustreich im Ozean zu entsorgen, führt zu einer erheblichen Kostenersparnis; s. Abb. 2.8. Das Beispiel unterstreicht die Bedeutung, bereits in den Projektfrühphasen innovative kostensparende Konzepte zu entwickeln.

Abb. 2.8 SpaceX Falcon Heavy Booster Landing (*creative commons*)

2.5.1 Systemtechnische Prozesse

Der PL muss in Zusammenarbeit mit dem Systemingenieur auf die Wechselwirkung und Balance zwischen den in Abb. 1.1 genannten Parametern achten, denn eine Aufgabensteigerung kann zu veränderten Terminen und Kosten führen. Ein weiterer zu betrachtender Faktor ist die Qualität, denn eine Leistungsverbesserung darf in keinem Fall die Qualität mindern; s. a. Abschn. 2.6. Die Realisierung eines Projektvorhabens verläuft über mehrere Phasen. In den Phasen A und B sind die konzeptionellen und planerischen Aufgaben durchzuführen, die für den weiteren Projektverlauf entscheidend sind. Die Prozesse aller Phasen sind in Abschn. 2.2 beschrieben. Nach Überprüfung des Endergebnisses der Entwicklungsphase (CDR und dem FACI) ist die Produktentwicklung abgeschlossen, und der Übergang zur Fertigungsphase kann eingeleitet werden. In der Regel steht das Phase C-Team für eine Übergangszeit weiterhin für Rückfragen zur Verfügung.

2.5.2 Spezifizierung

Während im Pflichtenheft die vom AN durchzuführenden Aufgaben und Lieferungen *(deliverables)* definiert sind, beschreibt die Spezifikation, wie die zu liefernden Produkte *(hardware und/oder Software)* beschaffen sein sollen. Das Thema der zu erstellenden Dokumente ist in Abschn. 3.3 beschrieben.

Die Erstellung der Systemspezifikation (erste/vorläufige Ausgabe) ist ein wichtiger Meilenstein in der Projektgeschichte. Mit der Systemspezifikation wird das zu entwickelnde System (Produkt) definiert. Bei der Systemspezifikation, oder Produktspezifikation handelt es sich um ein übergeordnetes zentrales technisches Dokument, in dem die Hauptdaten des geplanten Systems zusammengefasst sind. Die Systemspezifikation ist ein wichtiges Bezugsdokument für alle Untersysteme und für die Termin- und Kostenplanung. Sie ist in der Regel auch Vertragsbestandteil; s. Abschn. 4.2.1. Die Systemspezifikation beschreibt die Konfiguration, Funktion und die Leistungsparameter des zu entwickelnden Systems. Das gilt für alle Sparten *(technische, chemische, biologische, Software, etc.)* gleichermaßen. Nachfolgend ist ein Muster eines Inhaltsverzeichnisses für eine Systemspezifikation wiedergegeben (MIL-STD-490):

1. Übersicht
2. Referenzdokumente

3. Anforderungen
   a) Systemdefinition
   b) Charakteristiken
      Leistungscharakteristik
      Physikalische Charakteristik
      Zuverlässigkeit
      Wartungsanforderungen
      Verfügbarkeit des Systems
      Systemeffizienz
      Umgebungsbedingungen
      ggf. Transportierbarkeit
   c) Entwurf und Konstruktion
      Materialien, Bearbeitung und Einzelteile
      Elektromagnetische Strahlung
      Produktidentifikation
      Arbeitsausführung
      Austauschbarkeit der Bauteile
      Sicherheitsanforderungen
      Human Engineering
   d) Dokumentation (Spezifikationen, Zeichnungen, usw.)
   e) Logistik
   f) Personal und Schulung
4. Qualitätssicherung
5. Liefervorschriften (Verpackung, Transport usw.)
6. Anmerkungen
7. ggf. Anlagen

2.5.3 Spezifikationsbaum

Bei Großprojekten besteht das System (Produkt) oft aus mehreren Teilsystemen,
die nach ihrer Fertigstellung zu einem funktionsfähigen System integriert werden.
In dem Fall sind dann Spezifikationen für Teilbereiche zu erstellen. In Abb. 2.9
ist für ein technisches System (Produkt) das Muster eines Spezifikationsbaums
einschließlich der einzelnen Teilsysteme und Komponenten wiedergegeben.

Auf der 2. Ebene sind systemunterstützende Spezifikationen bezüglich Sicherheit, Schnittstellen, Umgebungsbedingungen etc. angeordnet und auf der 3.
Ebene Spezifikationen für Teilsysteme. Gerätespezifikationen befinden sich auf
der 4. Ebene. Für kleinere Projekte kann es sinnvoll sein, alle Spezifikationen zu

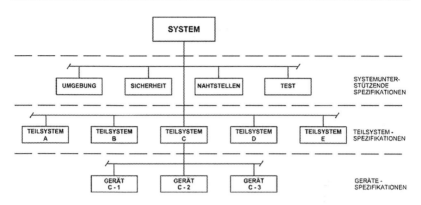

Abb. 2.9 Beispiel eines Spezifikationsbaums

einem Dokument zusammenzufassen und die Gliederung entsprechend des Spezifikationsbaums vorzunehmen.

2.5.4 Schnittstellen

Von besonderer Bedeutung ist die Schnittstellen- bzw. Nahtstellenkontrolle. Bei der Integration von Komponenten zu Baugruppen und dann über Teilsysteme bis zum System, müssen auf allen Ebenen die jeweiligen Schnittstellen *(interfaces)* genauestens aufeinander abgestimmt, erfasst und spezifiziert werden, denn Projektpannen sind oft auf Schnittstellenprobleme zurückzuführen. Bei technischen Projekten kann es sich z. B. um mechanische, elektrische, hydraulische oder SW-Schnittstellen handeln. Es ist Aufgabe des PLs, in Zusammenarbeit mit den Teammitgliedern auf allen Ebenen die erforderlichen Schnittstellen in einer Spezifikationen zu beschreiben und die Einhaltung im Projektverlauf zu überwachen; dazu dient auch das *Interface Control Document (ICD)*. In Abb. 2.10 ist das Beispiel einer Schnittstellenmatrix gezeigt.

2.6 Qualitäts-Management

Neben der Funktionalität ist die Qualität ein weiteres Hauptmerkmal eines Produktes oder Systems, denn die Qualität ist auch als wirtschaftlicher Faktor zu sehen. Der Wert industrieller Produkte lässt sich nicht allein nach Leistungs- und

PSP	SUBS	STR	TC	COMS	AOCS	UPS	OBC	POW	HK
210	STR		X	X	X	X	X	X	X
220	TC			X	X	X	X	X	
230	COMS				X	X	X	X	X
240	AOCS					X	X	X	X
250	UPS						X	X	X
260	OBC							X	X
270	POW								X
280	HK								

Legende:

AOCS	Lageregelung (*Attitude and Orbit Control System*)	STR	Struktur
COMS	Kommunikationseinrichtung	SUBS	Subsysteme
HK	Versorgungssystem (*Housekeeping*)	TC	Thermalkontrolle
OBC	Bordrechner (*On-Bord Computer*)	UPS	Antriebssystem
PSP	Projektstrukturplan		(*Unified Propulsion System*)
POW	Power	X	Schnittstellen
			(*mechanical, electrical and/or SW Interfaces*)

Abb. 2.10 Beispiel einer Schnittstellenmatrix

Schönheitsmerkmalen bemessen, sondern schließt die im allgemeinen Verständnis mit dem Begriff Qualität umschriebene Eigenschaft mit ein. Der Käufer eines Pkws vergleicht in der Regel z. B. die Leistung, Kaufpreis, Betriebskosten und Qualität des Fahrzeugs. Außerdem spielen neben rationalen Entscheidungskriterien auch subjektive Faktoren wie z. B. bisherige Erfahrungen und Design bei der Kaufentscheidung eine Rolle.

Die Aufgabe „Qualitätssicherung" soll eine sichere Erstellung des jeweiligen Produktes gewährleisten und beinhaltet folgende Aufgaben:

- Qualitätsüberwachung
- Materialauswahl
- Zuverlässigkeit
- Verfügbarkeit
- Instandhaltbarkeit (Wartbarkeit)
- Sicherheit (*Safety*)

2.6.1 Qualitätskontrolle

Qualitätssicherung (QS) ist eine wichtige Projektaufgabe, ganz gleich, ob es sich um ein Produkt, wie z. B. ein Flugzeug, ein Auto, ein Fernsehgerät, eine Dienstleistung oder eine Arznei handelt. Bei der Produktentwicklung sind deshalb von Anfang an die Qualitätsanforderungen zu beachten. Geräte und Dienstleistungen müssen z. B. zuverlässig und sicher sein. Wie in Abb. 3.1 gezeigt, ist Qualitätssicherung (QS) eine wichtige Managementsäule.

Immer mehr technische Produkte sind als komplexe Systeme zu verstehen, für die eine hohe Qualität eine Grundvoraussetzung für die reibungslose unterbrechungsfreie und sichere Benutzung ist. Die unterbrechungsfreie, also die tatsächlich verfügbare Benutzungszeit eines Systems (Produkts) ist ein wirtschaftlicher Faktor. Ein Fahrzeug oder eine im Haushalt oder im Industriebetrieb benutzte Maschine, die nicht über einen längeren Zeitraum unterbrechungsfrei einsetzbar ist, lässt sich nicht wirtschaftlich nutzen. Die Sicherstellung eines Mindestmaßes an Qualität nimmt deshalb einen hohen Stellenwert bei der Schaffung eines neuen Systems ein.

Aus der Qualität eines Systems lassen sich Rückschlüsse auf die Zuverlässigkeit *(reliability)* und daraus ableitend auf die Verfügbarkeit *(availability)*, Wartbarkeit *(maintainability)* und Sicherheit *(safety)* ableiten. Der populäre Begriff „*Qualität*", den Juran und Gryna mit *fitness for use* bezeichnen [5], stellt eine wichtige Größe für jedes System dar, aus der sich dann die zuvor genannten Eigenschaften ableiten lassen. Juran beschreibt in seinem Buch die „*Juran Triologie*", die aus folgenden drei Managementprozessen besteht: Qualitätsplanung, Qualitätsregelung und Qualitätsverbesserung [6]; *s.* Abb. 2.11.

2.6.2 Zuverlässigkeit

Mit dem Begriff Zuverlässigkeit wird ausgedrückt, mit welcher Chance das System bzw. Produkt über einen bestimmten Zeitraum fehlerfrei funktionieren wird. Hoch komplexe Transportsysteme, wie z. B. der Airbus 380, der Intercity-Express (ICE) oder die Ariane 5-Satellitenträgerrakete, sind aus sehr vielen Bauteilen zusammengesetzt. Ihre einwandfreie Funktion ist für die Systemzuverlässigkeit entscheidend. Um eine nahezu hundertprozentige Zuverlässigkeit für den Personentransport zu erreichen, sind entsprechende Redundanzen vorgesehen. Eine sehr hohe Zuverlässigkeit, wie sie für den Personentransport vorausgesetzt wird, ist aber auch eine Kostenfrage. Das trifft für alle technischen

Qualitätsmanagement		
Qualitätsplanung	Qualitätsregelung	Qualitätsverbesserung
Festlegung von Qualitätszielen	Beurteilung des aktuellen Qualitätsstands	Überprüfung der Notwendigkeit
Identifizierung der Kunden	Vergleich der aktuellen Leistung mit den Qualitätszielen	Einrichtung der Infrastruktur
Bestimmung der Kundenbedürfnisse	Durchführung der erforderlichen Maßnahmen bei Abweichungen	Ermittlung der Verbesserungsprojekte
Entwicklung von Produkteigenschaften zur Erfüllung der Kundenbedürfnisse		Zusammenstellung von Projektteams
Entwicklung von Prozessen zur Produktion der Produkteigenschaften		Versorgung der Teams mit Ressourcen, Ausbildung und Motivation zur Ermittlung der Ursachen und zur Anregung von Korrekturmaßnahmen
Entwicklung von Verfahren zur Prozeßregelung: Übergabe der Pläne an die Fertigung		Einführung von Kontrollen zur Wahrung des verbesserten Qualitätsstands

Abb. 2.11 Universelle Prozesse des Qualitätsmanagements nach Juran

Produkte, ob PKW, ICE, Flugzeug oder Satellit, gleichermaßen zu. D. h. das schwächste Glied in der Kette stellt das größte Problem dar, denn das Versagen eines kleinen Bauteils kann zum Scheitern der gesamten Mission führen.

2.6.3 Produzentenhaftung

Der Produzent eines auf den Markt gebrachten Produktes haftet für Schäden, die nachweislich im Zusammenhang mit dem Fehlverhalten des Systems stehen und nicht auf Bedienungsfehler zurückzuführen sind. Anschauliche Beispiele der Produzentenhaftung sind z. B. Verkehrsunfälle, die auf Produktionsfehler bei der Reifenherstellung zurückzuführen sind, oder Flugzeugunfälle, die aus Konstruktionsfehlern resultieren; Beispiel: DC 10-Absturz, verursacht durch eine fehlerhafte Frachtluke. Hersteller komplexer Produkte (Systeme) müssen schon im Entwicklungsstadium darauf bedacht sein, die Zuverlässigkeit und Sicherheit zukünftiger Systeme zu maximieren. Das Thema der System-Sicherheit ist aufs Engste mit der System-Zuverlässigkeit verknüpft und diese wiederum mit der Qualität des Entwurfs *(Redundanz, usw.)* und der verwendeten Bauteile.

2.7 Risikomanagement

Projektrisiko ist mit mangelnder Sicherheit, die vorgegebene technische und/ oder wirtschaftliche Zielvorgabe des Projektes zu erreichen, gleichzusetzen. Das heißt, die Erreichung des Projektziels könnte wegen der bestehenden Risiken möglicherweise gefährdet sein. Projekte bergen immer ein mehr oder weniger großes Risiko, das durch die inhärente Unsicherheit, dass die Aufgaben wie geplant erledigt werden können, begründet ist. Technische Lösungen und Termine können z. B. wegen Fehleinschätzungen nicht wie geplant abgewickelt werden. Das ist insbesondere bei sehr innovativen und komplexen Aufgabenstellungen der Fall. Der PL ist dafür verantwortlich, Risiken nach Möglichkeit frühzeitig zu erkennen. Dabei können die Erfahrungen der Vergangenheit nützlich sein. Der Prozess des Risikomanagements erfolgt in der Regel in mehreren Schritten. Nachfolgend sind die vier Schritte sowie eine detaillierte Beschreibung der Einzelmaßnahmen wiedergegeben.

1. Risikoidentifikation
   - Zusammenstellung aller identifizierten Risiken
   - Potenzielle Risikomöglichkeiten (Erfahrungsberichte)
   - Gesammelte F&E-Erfahrungen früherer Projekte *(lessons learned)*
   - Überprüfung von Fertigungs- und Testanomalien früherer Projekte
   - Überprüfung festgestellter Betriebsanomalien
   - Erstellung eines Risikoregisters
2. Risikoanalyse und Klassifizierung
   - Bewertung der identifizierten Risiken
   - Klassifizierung der Risiken *(groß, mittelgroß, gering)*
   - Fortsetzung der periodischen Bewertungen aller Risiken
   - Ergänzend hierzu Anwendung der FMEA/FMECA*-Methode
   - Einleitung von Maßnahmen zur Risikobeseitigung

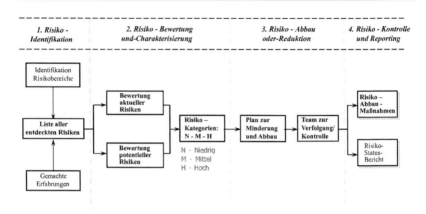

Abb. 2.12 Risikomanagement-Prozess

3. Risikominimierung oder -beseitigung
   – Identifizierung des Verantwortlichen *(risk owner)*
   – Definition von Zielen zur Risikominimierung oder -beseitigung
   – Durchführung einer Risikoanalyse
   – Festlegung von Maßnahmen zur Reduktion von Risiken
   – Erstellung eines Aktionsplans zur Einleitung von Korrekturmaßnahmen
   – Einbeziehung von Teammitgliedern zur Erledigung der Aktionen
4. Risikoüberwachung
   – Überwachung aller Aktionen zur Risikobeseitigung
   – Kontinuierliche Bewertung aller offenen Risiken und ggf. Einleitung von
   – Korrekturmaßnahmen
   – Überprüfung aller Informationen des Risikomanagements
   – Erstellung eines Risiko-Statusberichts
   Failure Modes Effects and Criticality Analysis

Ergänzend hierzu ist in Abb. 2.12 der Ablauf des Risikomanagement in einem Flussdiagramm wiedergegeben. In diesem Zusammenhang sei auch auf das bekannte FMEA/FMECA-Verfahren verwiesen, eine Methode, mit deren Hilfe eine frühzeitige Fehler-Identifikation und quantitative Bewertung *(Auswirkungen auf das Projekt)* vorgenommen werden kann.

Aufgabe des Risikomanagements ist es, mögliche Risiken im ersten Schritt frühzeitig zu identifizieren und entsprechende Maßnahmen zur Behebung

vorzusehen. Eine wichtige Aufgabe ist deshalb, eine kontinuierliche Risikoanalyse durchzuführen und darauf hinzuarbeiten, Risiken zu vermeiden oder zu
minimieren.

2.7.1 Risikobereiche

Batson nennt die möglichen technischen und administrativen Risiken. Die Auf-
zählung kann auch als Checkliste verwendet werden [7]:

1. Entwicklungsrisiken
2. Technische Risiken
3. Materialverfügbarkeit
4. Test- und Modellrisiken
5. Integrations- und Schnittstellenrisiken
6. Projektpersonal
7. Softwareentwicklung
8. Sicherheitsrisiken
9. Zuverlässigkeitsrisiken
10. Kritische Fehlermodalitäten
11. Energie/Umwelt-Risiken
12. Terminplanrisiken
13. Kosten- und Finanzierungsrisiken
14. Personalrisiken

2.7.2 Risikobewertung

Die Beseitigung von entdeckten Risiken kann zu drastischen Änderungen des
Projektablaufs führen.

Oftmals ist diese Entscheidung sehr kostspielig und zeitaufwendig. Verfügt der
Projektleiter nicht über entsprechende Projektreserven, so ist der Entscheidungs-
prozess besonders erschwert, insbesondere dann, wenn die vorliegende Risikoanalyse nicht stichhaltig genug ist, um eine Budgeterhöhung zu erwirken. Die
Gegenrechnung ist der Preis und der Projektverzug für eine mögliche Panne,
wobei man hofft, dass sie nicht eintritt. Das aber ist der springende Punkt, denn
in vielen Fällen ist das Katastrophen-Szenario nicht eindeutig genug definiert und

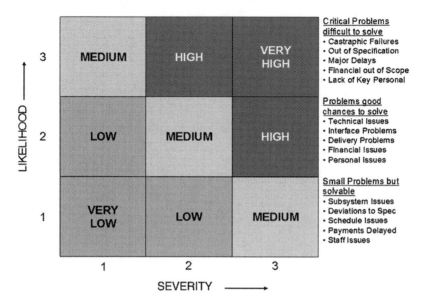

Abb. 2.13 Modell zur Risikobewertung (Wahrscheinlichkeit und Risikostufe)

mit Zahlen und Fakten belegt, um die notwendigen Entscheidungen zur Risiko- bzw. Fehlerbeseitigung davon abzuleiten.

Eine Methode der Risikobewertung, die sich auch in der Praxis bewährt hat, ist die Verwendung eines Modells, in dem die Risikoklasse *(Severity)* und die Wahrscheinlichkeit *(Likelihood)* des Risikoeintritts dargestellt werden. Das Modell, das auch als „Heat Shart" bekannt ist (s. Abb. 2.13), unterscheidet zwischen folgenden Risikoklassen: Niedrig **(N)**, Mittel **(M)** und Hoch **(H)**; s. Abb. 2.13.

2.7.3 Risikovermeidung

Am besten ist es, wenn alle Risikobereiche *(klein, mittel und groß)* bereits im Entwicklungsstadium erkannt und behoben werden können. Konkret heißt das aber, dass die Entwickler bemüht sein müssen, alle Risikopotenziale bereits bei der Spezifizierung und während des Entwurfs auszumerzen.

Das ist natürlich viel leichter gesagt als getan, denn die Kunden sind meistens an innovativen Lösungen der Produktentwicklung interessiert; wer möchte schon ein Museumsprodukt haben? Gleichzeitig zwingt der Wettbewerb aber zur Termin- und Kostenreduktion bei gleichbleibenden oder gar verbesserten Qualitätsanforderungen. Es ist keine Frage, dass es sich hierbei um eine Gratwanderung zwischen Innovation und Risiko handelt. Aber gerade deshalb ist eine Risikominderung, die im Spezifizierungs-Prozess und/oder im Entwicklungsstadium beginnt, am wirkungsvollsten. Um Projektkatastrophen zu vermeiden, darf kein erhöhtes Risiko zu Gunsten von Innovationen eingegangen werden. Deshalb ist eine solide und auf Fakten basierende Risikoermittlung unbedingt notwendig, um die Projektanforderungen, gegebenenfalls zusammen mit dem Kunden, zu modifizieren. Pausenberger und Nassauer beschreiben vier Management-Maßnahmen zur Vermeidung kommerzieller Risiken [8]:

- Risikovermeidung: *es sollten keine Verträge mit hohen Risiken geschlossen werden, z. B. Verträge mit Partnern aus politisch instabilen Ländern.*
- Risikoreduktion: *durch Reduzierung der Eintrittswahrscheinlichkeit und/oder Begrenzung des Verlustpotenzials.*
- Risikoübertragung: *Risikoteilung mit Partnern, z. B. dem Kunden, Unterauftragnehmern oder durch eine Versicherung.*
- Risikobegrenzung: *Das Geschäftsrisiko durch Kompensations-Maßnahmen begrenzen, bei Auslandsgeschäften z. B. durch frühzeitige Kreditaufnahmen im Partnerland zu festvereinbarten Zinsen.*

Programmatische Kernaufgaben 3

Programmatische Projektaufgaben, die der zuständige Projektleiter wahrnehmen muss, sind in der nachfolgenden Tab. 3.1 zusammengefasst:

3.1 Organisationsaspekte

Der Projekterfolg hängt ganz wesentlich von den getroffenen organisatorischen Maßnahmen ab. Dazu gehören die Organisationsstruktur, die personelle Besetzung und das Mandat der Projektleitung. Folgender Grundsatz sollte dabei beachtet werden: Der Projektleiter ist für die Projektdurchführung verantwortlich, muss aber mit entsprechenden Vollmachten ausgestattet sein. Das gilt für nationale und internationale Kooperationsprojekte gleichermaßen.

3.1.1 Grundsätze der Projektorganisation

Die Implementation einer logisch strukturierten Projektorganisation, aus der die Zuständigkeiten, Verantwortlichkeiten und Vollmachten aller beteiligten Organisationen (Firmen, Institute usw.) und/oder Mitarbeiter klar und eindeutig hervorgehen, ist für eine erfolgreiche Projektleitung unabdingbar. Das trifft insbesondere für große und/oder komplexe Systemaufgaben, wie z. B. für Industrieanlagen, Fahrzeugbau, IT-Projekte und Projekte der Luft- und Raumfahrt zu. Aber auch kleinere Unternehmen, wie z. B. Zulieferfirmen für Komponenten und Software, sind davon betroffen. Projekte scheitern oft nicht etwa an mangelnder fachlicher Kompetenz der am Projekt beteiligten Mitarbeiter, sondern an dem organisatorischen Durcheinander. Projektmanagement ist eine interdisziplinäre

B.-J. Madauss, *Was Projektleiter wissen müssen*, essentials, https://doi.org/10.1007/978-3-662-65301-2_3

Tab. 3.1 Programmatische Kernaufgaben

Kernaufgaben	Detaillierte Kern-aufgaben	Anwendung			Ref.: B.-J. Madauss Projekt-management [1]
		GP	MP	KP	
3.1 Organisations-aspekte	3.1.1 Grundsätze der Projekt-Org	X	X	O	Abschn. 5.1.1 Vollmacht; S. 142
	3.1.2 Organisat. & Motivation	X	X	O	Abschn. 5.2.3, S. 167 und 15.1 S. 557
	3.1.3 Projektbüro – PMO	X	O	N	Abschn. 5.2.5 PMO, S. 173
	3.1.4 Kooperations-projekte	X	O	O	Abschn. 5.3.2 Konsortium, S. 177
3.2 Info-Mgmt	3.2.1 Projekt-berichte	X	O	O	Abschn. 11.1, S. 438 und 11.2, S. 442
	3.2.2 Projekt-besprechungen	X	X	O	Abschn. 11.3 Statusbespr., S. 449
	3.2.3 Reviews-Überprüfungen	X	O	N	Abschn. 11.3.3 CDR, S. 451
3.3. DOKU & KOFI-Mgmt	3.3.1 DOKU-Struktur	X	X	O	Abschn. 12.1.1 ISO 8613–1, S. 458
	3.3.2 Dokumentations-management (DOKU)	X	X	O	Abschn. 12.1.7 Überwachung, S. 470
	3.3.3 Konfigurations-management (KOFI)	X	X	N	Abschn. 12.2.1 Überwachung, S. 471

(Fortsetzung)

Tab. 3.1 (Fortsetzung)

Kernaufgaben	Detaillierte Kernaufgaben	Anwendung			Ref.: B.-J. Madauss Projektmanagement [1]
		GP	MP	KP	
3.4. Projektüberwachung (Project Control – PC)	3.4.1 Fortschrittskontrolle	X	X	X	Abschn. 9.4.3 Terminstatus, S. 346
	3.4.2 Kostenkontrolle	X	X	X	Abschn. 9.4.5 Kostenstatus, S. 354
	3.4.3 Konfigurationsstatus	X	O	N	Abschn. 12.2.6 Kofi-Status, S. 481
	3.4.4 Techn. Leistungskontrolle	X	O	N	Abschn. 9.4.7 Tech-Status, S. 362
	3.4.5 Risikostatus	X	O	N	Abschn. 19.6.1 Risiko-Status, S. 692
	3.4.6 Earned Value Megment	X	X	O	Abschn. 9.4.6 EVM-Status, S. 359
	3.4.7 Integrierte Projektüberw	X	O	N	Abschn. 9.4 PM-Regelkreis, S. 340

GP – Komplexe Großprojekte **X** nominale Aufgabe
MP – Mittelgroße Projekte **O** optionale Aufgabe
KP – Kleinprojekte **N** nicht erforderlich

Aufgabenstellung, die bei größeren und komplexen Vorhaben nur durch ein Team effizient abgewickelt werden kann. Die Teamstärke hängt wesentlich von der Projektgröße und der Komplexität ab.

Die Aufgabenteilung zwischen den Projekt- und Fachabteilungsteams setzt eine klare Definition und Abgrenzung der Einzelaufgaben voraus. Aufgabe des Projektteams ist die Planung, Steuerung und Integration aller Projektarbeiten im Hinblick auf die zügige Erreichung des Projektziels unter Einbindung aller wichtigen Projektparameter, wie z. B.: Systemtechnik, Qualität, Sicherheit, Termine, Kosten, Umweltschutz, usw. Hieraus lässt sich ableiten, dass die Projektmannschaft zur Erfüllung der ihr gestellten Ziele nicht nur aus Administratoren bestehen kann. Die Aufgabenteilung zwischen Projekt- und Fachbereich ist nachfolgend an einem Beispiel wiedergegeben:

Projektbüro	Fachbereich
• Zielsetzung	Entwurf und Konstruktion
• Erstellung von Projektplänen	• Mathematische Modelle
• Systemanalysen und -auslegung	• Analysen (Struktur, Thermodynamik,
• Funktionssicherheitsanalysen (Gesamt-	usw.)
system)	• Laborentwicklungen
• Erstellung von Spezifikationen	• Musterbau
• Erstellung von Pflichtenheften	• Fertigungsplanung
• Terminplanung und -überwachung	• Fertigung
• Kostenplanung und -überwachung	• Qualitätskontrolle
• Risikomanagement	• Testplanung
• Dokumentations- und Konfigurations-	• Funktionstests
management	• Zusammenbau/Integration
• usw.	• Vorrichtungsbau
	• usw.

3.1.2 Organisation und Motivation

Die Projektleitung ist dafür verantwortlich, komplexe Aufgaben in Zusammenarbeit mit den zuständigen Fachbereichen zu planen und die Durchführung zu überwachen. Die Projektpositionen müssen deshalb mit entsprechend qualifizierten Projektmitarbeitern besetzt werden. Für große Technologieprojekte hat es sich in der Praxis z. B. bewährt, folgende Schlüsselpositionen erfahrenen Spezialisten zu übertragen:

- Projektleitung (PL)
- Project Control (PC) [Planung und Überwachung]
- Systemtechnik (ST) und
- Qualitätssicherung (QS)

Das spiegelt sich auch in der in Abb. 3.1 gezeigten Organisationsstruktur wider. Wenn in diesem Beispiel auf ein komplexes Großvorhaben Bezug genommen wurde, bedeutet es aber nicht, dass die beschriebene Vorgehensweise für mittelgroße und Kleinprojekte nicht anwendbar ist. Richtig ist jedoch, dass

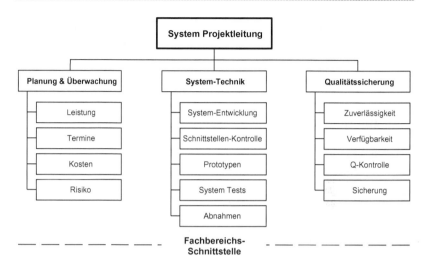

Abb. 3.1 Basisfunktionen der Systemprojektleitung

sie sehr wohl anwendbar ist, denn auch bei kleinen Projekten sollte die Verantwortung eindeutig geregelt sein. Ein wichtiger Unterschied ist allerdings der, dass es sich bei Großprojekten meistens um Vollzeitpositionen handelt, während die Funktionsträger bei Kleinprojekten nur teilweise in der Projektleitung mitarbeiten und ggf. bestimmte Funktionen in Personalunion wahrnehmen.

Projektleiter müssen die Methoden der Projektsteuerung in Theorie und Praxis beherrschen und über eine nachgewiesene Qualifikation zur Mitarbeiterführung verfügen. Für den PL und alle Projektmitarbeiter ist eine entsprechende Vorbereitung, Schulung und Motivation erforderlich.

Für zukünftige Projektleiter und ihre Teams ist Flexibilität, logisches Denken, Kreativität, Fantasie, Einsatzbereitschaft, Teamarbeit und die Fähigkeit, gedankliche Analogien herstellen zu können, wichtig. Ein Projekt stellt eine kleine in sich geschlossene Einheit dar, in der Mitarbeiter eines Unternehmens sich am besten verwirklichen können. Die begrenzte Autonomie und die ausgeprägte Zielorientierung sind für viele Projektmitarbeiter eine Motivationsquelle. Das trifft für alle Projektebenen zu, d. h. vom Arbeitspaket bis zum Gesamtprojekt. Der Manager eines Arbeitspakets (AP-Manager) hat auf der AP-Ebene eine identische Verantwortung wie der PM auf der obersten Ebene des Projektes. Der erfolgreiche Abschluss eines Arbeitspaketes ist ein wichtiger Baustein des Gesamtprojektes. Ein messbarer Erfolg, s. Abschn. 3.4.1, und die Anerkennung der erbrachten Leistung durch den PM trägt zur Motivation bei. Herzberg beschreibt die sechs wichtigsten Motivationsfaktoren, die zur Zufriedenheit im Berufsleben führen, wie folgt [9]:

- Erfolg
- Anerkennung
- Selbstständige Arbeit
- Verantwortung
- Fortkommen
- Entwicklungsmöglichkeiten

Schlüsselpositionen im Projekt müssen rechtzeitig und richtig besetzt werden, um zu verhindern, dass es zu schwerwiegenden Projektpannen kommt. Das Projektpersonal muss auf die zukünftigen Aufgaben durch Schulung oder *training-on-the-job* gründlich vorbereitet werden. Viele Projektmitarbeiter werden jedoch ohne Vorbereitung und ohne Schulung *ins Wasser geworfen*. Der Alltag und die Routine gewähren ihnen meistens kaum die nötige Zeit, um sich umfassend mit dem sehr komplexen Thema Projektmanagement vertraut zu machen. Sie sind gezwungen, sich weiter durchzuwursteln. Dabei ist gerade die interdisziplinäre und breitbandige Sachkenntnis der Management-Gesamtthematik eine Voraussetzung für methodisches und effizientes Vorgehen im Projekt. Oelsnitz schreibt in dem Zusammenhang: *„Nicht wenige meinen, Management sei ein Beruf ohne Ausbildung."* ... *„Tatsächlich liegt in wenigen Berufen die Ausbildung so im argen wie im Management. Und das, obwohl unternehmerische Fehlentscheidungen heute wesentlich schwerwiegendere Konsequenzen haben als früher"* [10]. Ergänzend ist zu erwähnen, dass ein besonders gravierender Personalmangel bei der Besetzung der Schlüsselpositionen Projektleitung, Planung und Überwachung, Produktsicherung und Systemtechnik besteht.

3.1.3 Projektbüro – PMO

Durch die Schaffung einer zentralen Organisationseinheit für Projektmanagement, dem Projektbüro *(Project Management Office – PMO),* lässt sich ein Managementgleichgewicht zum Fachbereich schaffen. Durch die organisatorische Gleichstellung mit dem Fachbereich hat das PMO die nötige Vollmacht zur Verhandlung auf Augenhöhe. Das PMO sollte deshalb nicht, wie man häufig lesen kann, beratend tätig sein, sondern übergeordnet vollverantwortlich für das Projektgeschehen des Unternehmens; sprichwörtlich sein; s. a. Abb. 3.2.

Die Aufgaben eines PMO sind sehr vielseitig. Um als Gegengewicht zum Fachbereich handlungsfähig zu sein, muss das PMO über Vollmachten verfügen. Auf eine starke PMO-Position im Unternehmen kommt es maßgeblich an, um bei Problemen ggf. steuernd eingreifen zu können. Das PMO sollte nach Auffassung des Autors deshalb keinesfalls nur eine beratende oder unterstützende Funktion ohne Entscheidungsbefugnis haben, sondern, wie in Abb. 3.2 gezeigt, eine leitende Position mit genau festgelegten Entscheidungsvollmachten. Dazu gehören folgende Zuständigkeiten:

1. Leitung PMO-Organisationseinheit
2. Einsatz von Projektleitungen und deren Teams
3. Führung und Betreuung der eingesetzten PLs
4. Koordination und Vereinheitlichung von PM-Prozessen
5. Integration von Projektplänen der obersten Ebene
6. Budgetkontrolle in enger Zusammenarbeit mit der Finanzabteilung
7. Kapazitätsplanung und Prioritätenregelung
8. Kommunikationsverbesserung zwischen Projekt- und Fachbereich
9. Implementation von PM-Standards
10. PM-Schulung

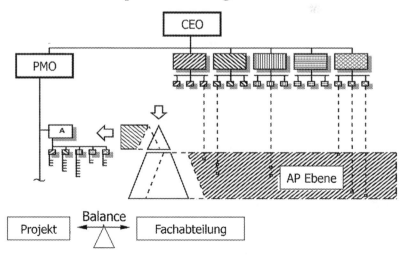

Abb. 3.2 Kreuzungspunkte der Matrixorganisation

3.1.4 Kooperationsprojekte

Die Management- und Organisationsgrundsätze zur Abwicklung eines Projekt-vorhabens im Rahmen einer Kooperation sind prinzipiell die gleichen wie für ein firmeninternes Projekt, denn auch Kooperationsprojekte müssen nach den üblichen Grundsätzen des Managements und der Betriebswirtschaft kosten-effizient abgewickelt werden. In der Regel zwingt der Wettbewerb auch Kooperationsprojekte zu kostengünstigen Lösungen. Auch staatliche inter-nationale Vorhaben müssen diesem Grundsatz folgen, wenn auch einzuräumen ist, dass die Abwicklung aufgrund von kulturellen Barrieren zu besonderen Schwierigkeiten und manchmal auch zu Mehrkosten führen kann.

Bei internationalen Vorhaben stehen die Aspekte *„work-sharing"*, d. h. die Aufteilung der Arbeitspakete und die *„industrielle Organisation"*, im Fokus der Kooperationsverhandlungen. Die vereinbarte Aufgabenteilung ist ein wichtiger Indikator für die Erstellung einer wirkungsvollen industriellen Organisation. Die Gliederung eines Projektes in Teilprojekte und Arbeitspakete *(Aufgabenteilung)* führt in der Praxis jedoch häufig zu Verstimmungen und Managementkrisen, da die Projektpartner sich oft nicht auf die Arbeitsteilung und auch nicht auf ein gemeinsames und firmenneutrales Projektbüro (System-Projektleitung) einigen können. Bei der Aufgabenteilung kann auch der Aspekt *„nobel-non-nobel-work"* eine wichtige Rolle spielen. Es geht dabei z. B. um den Zugang zu Schlüssel-technologien und um Führungsansprüche. Oft sind auch Fragen der gemeinsamen Projektleitung und der Sitz des gemeinsamen Büros strittig. Ein Beispiel einer Konsortialorganisation ist in Abb. 3.3 gezeigt.

3.2 Informationsmanagement

Informationen sind ein wichtiger Aspekt des Projektmanagements. Typische Informationswege sind z. B. informelle Gespräche *(face-to-face)*, E-Mails, Tele-fonate, Videosysteme, Besprechungen und Workshops. Informationsaustausch im Projekt ist das „Salz in der Suppe". Das Ausbleiben von Informationen führt unweigerlich zu Projektproblemen. Eine Hauptverantwortung des ernannten Projektleiters ist, dafür zu sorgen, dass der erforderliche Informationsfluss zwischen den Beteiligten kontinuierlich in Gang gehalten wird.

In Abb. 3.4 sind die verschiedenen Möglichkeiten der Informationsweitergabe sowie die Aufnahmeintensität durch die Empfänger dargestellt [15].

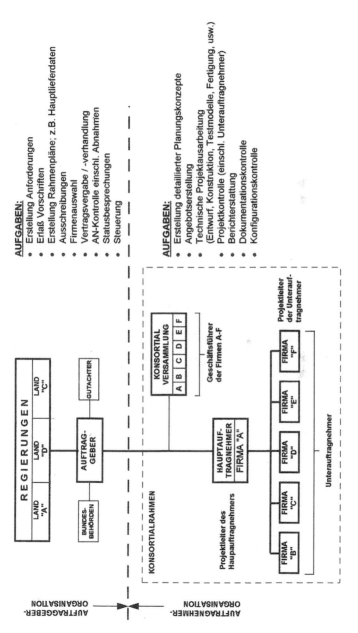

Abb. 3.3 Beispiel einer Konsortialorganisation

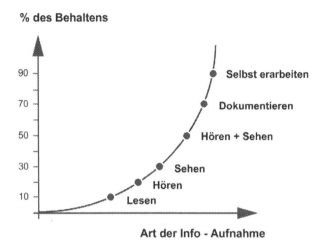

Abb. 3.4 Informationsweitergabe und Aufnahme durch den Empfänger

Die Effizienz des Projektmanagements hängt ganz erheblich von der Art und Weise ab, wie Informationen im Projekt verarbeitet werden. Projektarbeit, die fast immer unter Zeitdruck steht, lässt sich nur dann optimal planen und steuern, wenn sichergestellt ist, dass notwendige Projektinformationen möglichst rasch und in verständlicher und übersichtlicher Form an die richtigen Empfänger weitergeleitet werden. Informationen sind nicht zuletzt eine wichtige Voraussetzung für Entscheidungen, und Projektleiter und ihre Teams müssen im Vergleich zu anderen Bereichen eines Unternehmens oft überproportional viele Entscheidungen möglichst schnell treffen. Martin führt in diesem Zusammenhang aus: *„Ein guter Projektmanager trifft bedeutend mehr Entscheidungen als ein normaler Manager in der gleichen Organisationsebene"* [11]. Das setzt die Sicherstellung eines zielgerichteten Informationsflusses zwischen den Betroffenen voraus. *„The objective of Information/Documentation Management during a space project life cycle is to ensure that every actor has ready access to all the information he needs in order to perform his task."* [12]

Bei kleinen Projekten genügt es häufig, dass man Informationen größtenteils verbal weitergibt. Wichtige Informationen sollten aber auch bei Kleinprojekten schriftlich festgehalten werden; manchmal reicht dazu ein Notizbuch. Großprojekte sind dagegen weit mehr auf eine Informationsweitergabe in schriftlicher Form angewiesen.

3.2.1 Projektberichte

Die im Projekt anzuwendenden Management-Informationssysteme (MIS) sind den jeweiligen Bedürfnissen anzupassen. Der Begriff Information soll hier im Sinne einer Definition von Wahl verstanden werden: *„Information wird definiert als die Vermittlung und Verwertung des Wissens, das ein Aufgabenträger im speziellen Falle haben muss, um eine definierte Aufgabe erfüllen zu können"* [13]. Es ist wichtig, dass schon beim Projektbeginn die formellen Informationswege unter Einbeziehung der Organisationsstruktur vom Projektleiter festgelegt werden. Dadurch wird der notwendige Informationsaustausch im Projekt sichergestellt. In diesem Zusammenhang ist zu erwähnen, dass man bestrebt sein sollte, die formellen Informationswege soweit wie möglich den informellen Informationskanälen anzupassen. Die informellen Informationsbeziehungen, z. B. Freundschaften und Bekanntschaften, sind oft ein realistisches Bild der nicht zu unterschätzenden zwischenmenschlichen Beziehungen. Hierzu Aucoin: *„In-person, face-to-face communication typically offers the richest content of the various types of communication"* [14]. Die Sender- Empfänger-Beziehung lässt sich nach folgenden Kriterien ordnen:

1. Informationen, auf die keine Reaktion der(s) Empfänger(s) erfolgen muss
2. Berichterstattende Information
   - die aufgrund von Empfängernachfragen übermittelt werden oder
   - bei der die Empfänger zu Reaktionen (z. B. Kommentare oder Aktionen) aufgefordert werden
3. Dienstanweisungen, auf die in jedem Fall eine Reaktion erfolgen muss

Eine möglichst schnelle Informationsweitergabe ist für das Projektmanagement wichtig. Entscheidungen können nur auf der Basis von aktuellen Informationen getroffen werden, das heißt, der Projektleiter muss die jeweilige Situation und die möglichen Konsequenzen beurteilen können, bevor er Entscheidungen trifft. Der Idealzustand wäre im Prinzip dann erreicht, wenn sämtliche Informationen ohne Zeitverzögerung erfasst und weitergegeben werden können. Mithilfe vernetzter IT-Tools ist es möglich, Informationen in Echtzeit *(real time)* zu erstellen und weiterzugeben. Leider sieht es in der Realität oft anders aus, denn Projektinformationen sind in der Regel nicht ohne vorherige Prüfung durch die zuständigen Mitarbeiter verfügbar. Deshalb ist die Einführung fester Berichtszyklen (wöchentlich, monatlich, etc.) erforderlich.

Eine-Seite-Bericht

1. Ziele und Strategiepunkte	2. Erreichte Ereignisse in der Woche
Kurzbeschreibung der wichtigsten Ziele eines bestimmten Zeitabschnitts (z. B.,einer Woche).	*Beschreibung der erreichten Zielvorgaben, Abweichungen und besondere Ereignisse; z. B. Beschlüsse, erstellte Berichte, wichtige Telefonate oder Dienstreisen.*
3. Probleme und Lösungsvorschläge	**4. Planungen kommende Woche**
Aufgetretene technische oder programmatische Probleme und Vorschläge zur Behebung bzw. eingeleitete Maßnahmen.	*Planvorgaben für den folgenden Zeitabschnitt (z. B. Woche). Zu erledigende Aufgaben, Reisen usw. sowie deren Terminierung.*

Abb. 3.5 Wöchentlicher Statusbericht

Monatliche Statusberichte sind für Großprojekte in jedem Fall empfehlenswert. Bei kleineren Projekten kann ein komprimierter Bericht ausreichend sein. Um das Berichtssystem zu vereinfachen, reicht ggf. ein einseitiger Wochenbericht; s. a. Abb. 3.5.

3.2.2 Projektbesprechungen

Einer Untersuchung zufolge hängen die Möglichkeiten, sich Informationen zu merken, stark von der Fähigkeit zur Informationsaufnahme, lesen, hören, sehen, dokumentieren oder selbst erarbeiten, ab [15]. Hören und Sehen erreichen demnach im Zusammenspiel einen Wert des Behaltens von über 50 % im Vergleich zum *„Selbsterarbeiten"* mit ca. 100 %; s. Abb. 3.4. Die Praxis bestätigt, dass Präsentationen einschließlich Bildern informativer sind als das gesprochene Wort.

Regelmäßig und ad hoc angesetzte Arbeitsbesprechungen sind eine wichtige Informationsquelle für die Projektleitung. Die Hauptvorteile liegen im schnellen Informationsaustausch, der sofortigen Reaktionsmöglichkeit und dem persönlichen Kontakt aller Besprechungsteilnehmer. Erkennbare Probleme können sofort analysiert und erledigt werden. Da der Zeitaufwand und der damit verbundene Kostenaufwand für Besprechungen manchmal sehr groß sind, sollte jede Besprechung gründlich vorbereitet werden. Dazu gehören vor allem die Vorlage einer Tagesordnung, die Festlegung des Teilnehmerkreises, Ernennung des Besprechungsleiters *(chair man)* und die Abfassung eines Besprechungsprotokolls *(minutes of meeting)*. Durch die sorgfältige Festlegung des Teilnehmerkreises lassen sich unnötige Teilnahmen sowie unnötige Personal- und gegebenenfalls auch Reisekosten vermeiden.

Es ist selbstverständlich, dass Besprechungen zur Lösung technischer Probleme nicht in einer vergleichbar kurzen Zeit durchführbar sind. Allerdings gilt auch hier der Grundsatz, dass eine gut vorbereitete Besprechung (Tagesordnung, Ergebnisprotokoll usw.) und ein sorgfältig ausgewählter Teilnehmerkreis die Besprechungseffizienz steigern. Nachfolgend eine tabellarische Darstellung der Vor- und Nachteile von Statusbesprechungen:

- Vorteile:
  - Schneller Informationsaustausch
  - Sofortige Reaktion
  - Persönlicher Kontakt
  - Erkennbare Probleme können sofort behandelt werden
- Nachteile:
  - Zeitaufwand (ggf. viele Teilnehmer)
  - Kosten
  - Raumerfordernis (-Planung)
- Voraussetzungen:
  - Gute Vorbereitung
  - Tagesordnung
  - Besprechungsleiter
  - Straffe Gesprächsführung
  - Ergebnisprotokoll & Aktionen

3.2.3 Reviews – Überprüfungen

Die Durchführung von Projektreviews *(Überprüfungen)* ist ein wirkungsvolles Instrument der Projektleitung. Man muss aber zwischen zwei Review-Kategorien unterscheiden:

- *Technische Reviews,* z. B. ein Entwicklungsreview *(Critical Design Review – CDR)*, bei dem der technische Entwicklungsstand überprüft wird und

- *Regelmäßige Status-Reviews,* bei dem der zeitliche Entwicklungsstand überprüft wird.

Technische Reviews, wie z. B. ein CDR, dienen der detaillierten Überprüfung des technischen Entwicklungsstands auf allen Projektebenen (System-, Teilsystem-und Komponentenebene und der zeitliche Projektstand). Daneben gibt es regelmäßige Status-Reviews, die z. B. in monatlichen oder vierteljährlichen Intervallen stattfinden sollten. Bei kritischen Projekten ist eine monatliche Zusammenkunft sicherlich sinnvoll, und bei weniger kritischen Vorhaben ist es oft ausreichend, wenn man sich nur alle sechs bis acht Wochen oder sogar nur vierteljährlich zu einem Status-Review trifft.

Es ist wichtig, dass eine effiziente Kommunikation zwischen den verschiedenen Managementebenen besteht. Regelmäßige Statusbesprechungen dienen dem direkten Austausch von technischen und administrativen Informationen. Ziel der offiziellen Status-Reviews ist eine kritische Diskussion der erbrachten Leistungen, der festgestellten Probleme und möglichen Lösungen, der Termin- und Kostensituation sowie eine Stärken-Schwächen-Analyse *(SWOT Analyse).* Parallel zu den zuvor erwähnten offiziellen Status-Reviews sollten in kritischen Situationen ergänzende firmeninterne Besprechungen durchgeführt werden. Ergänzend sind in besonderen Fällen tägliche aber sehr kurze *„stand-up meetings",* bei denen man zu Tagesbeginn in gelockerter und kollegialer Atmosphäre bei einer Tasse Kaffee über die anstehenden Tagesaktionen sprechen kann. Als *„Gleicher unter Gleichen"* kann sich auch der Chef an den inoffiziellen Gesprächen beteiligen.

3.3 Dokumentations- und Konfigurations-Management

Die Dokumentations- und Konfigurationsüberwachung ist ein fester Bestandteil des modernen Projektmanagements. Die Entwicklungsergebnisse und der jeweilige Konfigurationsstatus sind während der Projektphasen von Anfang an durch die Projektleitung zu dokumentieren. Ein professionelles Dokumentationsmanagement ist die Grundlage für ein funktionsfähiges Konfigurationsmanagement. Erfahrene Projektingenieure kennen die Zusammenhänge zwischen einem guten Dokumentations- und Konfigurationsmanagement und den Kosten eines Projektes.

Die Fälle mangelhafter Dokumentierung sind leider nicht selten. Besonders bei kleinen und unter großem Zeit- und Kostendruck durchgeführten Projekten wird es oft versäumt, eine konsequente und nachvollziehbare Dokumentation zu erstellen. Das kann katastrophale Folgen haben und rächt sich bei der Abnahme durch den Kunden, denn oft kommt es dann zu entsprechenden Nacharbeiten. Es resultieren daraus meistens auch Probleme bei späteren Reparatur- oder Wartungsarbeiten, für die ebenfalls eine gute Dokumentation notwendig ist. Zur Unterstützung der Projektleitung ist es empfehlenswert, dass Unternehmen ein Dokumentations-Management-System (DMS) einführen, denn die Projektleiter und ihre Teams verbringen oft viele Stunden mit unnützer Doppelarbeit auf der Suche nach Dokumenten, wenn es im Unternehmen keine zentrale Archivierung gibt.

3.3.1 Dokumentationsstruktur

Die Identifikation der Dokumentationsarten ist der erste Schritt zur Festlegung der erforderlichen Projektdokumentation. Sie stellt eine Gliederung dar und dient als Orientierungshilfe. Die Festlegung der Dokumentationsanforderungen ist in enger Zusammenarbeit mit dem Entwicklungsmanagement vorzunehmen. Für jedes im Projektstrukturplan (PSP) definierte Projektelement ist die erforderliche Projektdokumentation festzulegen; s. Abb. 3.6. In Zusammenarbeit mit dem jeweiligen Verantwortlichen für ein PSP-Element oder ein Arbeitspaket ist festzulegen, welche Spezifikationen, Pläne, Zeichnungen, usw. für die Arbeit erforderlich sind. In den Projektfrühphasen, in denen in der Regel noch keine Hardware erstellt wird, sind die Endergebnisse zu dokumentieren. Das gilt übrigens auch für Studien.

3.3.2 Dokumentationsmanagement

Dokumente sind im Projekt wichtig, denn sie sind der Nachweis der Erfüllung der im Pflichtenheft definierten Aufgaben. Bereits in den frühen Projektphasen muss man festlegen, welche Dokumente für die Projektabwicklung erforderlich sind. Ferner ist festzulegen, wer für die Erstellung der Dokumente zuständig ist und wie das Freigabeverfahren funktionieren soll. Die gründliche Planung dieser Vorgänge verhindert, dass wichtige Maßnahmen dem Zufall überlassen bleiben. Die Zuständigkeiten und die erforderlichen Prozesse sollten in einer Dokumentationsliste festgehalten werden. Dazu sind folgende Aufgaben erforderlich:

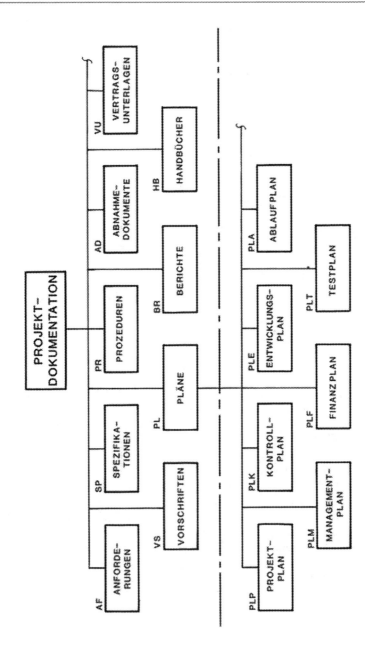

Abb. 3.6 Beispiel eines Dokumentationsbaums für ein Großprojekt

1. Identifikation aller erforderlichen Dokumente *(Dokumentationsbaum)*
2. Beschreibung der Dokumentationsinhalte *(Gliederung und Beispiele)*
3. Festlegung der Dokumentenverteilung *(Kunde, Abteilung, Personen, usw.)*
4. Dokumentenstatusüberwachung
   I. geplanter Fertigstellungstermin der Dokumente
   II. Dokumente in Bearbeitung (Stand der Erstellung)
   III. Dokumente verteilt *(Kunde, an Org.-Einheiten, Personen)*
   IV. Dokumentenstatus: genehmigt, freigegeben, verteilt oder im Änderungsprozess
   V. Neuausgabe der geänderten Dokumente

3.3.3 Konfigurationsmanagement

Konfigurationsmanagement ist eine wichtige Managementdisziplin um sicherzustellen, dass die spezifizierte Konfigurationsbasis eines zu entwickelnden und zu produzierenden Produkts und alle während des Projektverlaufs genehmigten Änderungen der Konfigurationsbasis sowie die daraus resultierenden Auswirkungen identifiziert und überwacht werden. Die Aufgabe des Konfigurationsmanagements lässt sich in folgende Hauptfunktionen gliedern:

- Konfigurations-Identifikation *(baseline)*
- Konfigurations-Überwachung *(status control)*
- Konfigurations-Änderungen *(change control)*
- Konfigurations-Statusermittlung *(status account)*

Bei dem mit dem Dokumentationsmanagement hautnah verknüpften Konfigurationsmanagement geht es um die kontinuierliche Überwachung der Basiskonfiguration und deren Veränderungen. Um sicherzustellen, dass das entwickelte oder gebaute System oder Produkt in seiner Konfiguration dem tatsächlich gewünschten System entspricht, muss die Projektleitung ein striktes Konfigurations-Überwachungssystem einführen. Das Konfigurationsmanagement überwacht den jeweiligen „Zustand" aller definierten Hard- und Softwareobjekte *(end items)*:

- As-designed *(wie konstruiert)*
- As-built *(wie gefertigt)* und
- As-maintained *(wie überarbeitet)*

Die Einberufung des Änderungsausschusses (Review Board) sollte in regelmäßigen Zeitabständen und bei Bedarf ad hoc erfolgen. „*The Configuration Control Board (CCB) shall approve or disapprove any Engineering Change Proposal (ECP). Permanent members of the CCB will be the key people of the PM-Team. Additional specialists from functional departments and/or partner companies may be invited to participate to the CCB. All CCB members, whether permanently assigned or specially invited, must be fully authorized to take decisions on behalf of their respective organization, and to accept actions placed upon the organization they represent*"; s. *ESA ECSS-M-40A, S. 15.*

3.4 Projektüberwachung – Project Control

Projektüberwachung *(Project Control – PC)* ist eine wichtige Schlüsselfunktion des modernen PMs. Vertrauen ist gut, Kontrolle ist besser! [16] Die Verflechtung von technischen, terminlichen und finanziellen Einflussparametern bei der Realisierung großer und komplexer Projekte ist eine Notwendigkeit, um steuernd in das Projektgeschehen eingreifen zu können. Dieser auf Fakten beruhende Sachzwang führt zur Implementation des *Project Control*-Managements, wie es nachfolgend beschrieben ist.

3.4.1 Fortschrittskontrolle

Die regelmäßige Erfassung des Projektfortschritts und der Terminsituation ist eine wichtige Maßnahme der Projektleitung. Auf der Grundlage vorher erstellter und freigegebener Zeitpläne ist der Projektfortschritt zu messen, und zwar auf der untersten Planungsebene des Projekts. Die Kontrollmethode hängt von der Art und Beschaffenheit der vorliegenden Pläne ab. Bei der Ermittlung des Projektstatus anhand von Balken- und/oder Netzplänen ist in regelmäßigen Intervallen (d. h. wöchentlich, monatlich usw.) festzustellen, welche Tätigkeiten angefangen, abgeschlossen oder noch in Arbeit sind und ob sie im Rahmen der noch zur Verfügung stehenden Zeit abgeschlossen werden können. Im Anschluss an die Statusermittlung ist dann eine erneute Planungsanalyse vorzunehmen, um den Einfluss der neuen Situation, z. B. Planungsänderungen, gemeldete Verzögerungen usw., auf das Gesamtprojekt feststellen zu können. Gegebenenfalls sind Korrekturmaßnahmen einzuleiten, um das gesetzte Projektziel im zeitlich gesetzten Rahmen zu erreichen. Änderungen des Plans *(z. B. in der Ablauflogik oder der geschätzten Zeit)* sind ebenfalls zu erfassen, da sie einen Einfluss auf den/die Endtermin(e) haben können.

Auf der Basis regelmäßig durchgeführter Planungsanalysen sind in Zusammenarbeit mit den am Projekt beteiligten Teams Planungsreviews durchzuführen, bei denen der Ist-Stand mit dem Planungsziel (Soll) verglichen werden kann, um gegebenenfalls Planungskorrekturen einzuleiten. Planungskorrekturen können nur im Zusammenhang mit anderen Projektaspekten, wie z. B. den technischen Auswirkungen und der Kostensituation, betrachtet werden. Ein Beispiel für eine Statusübersicht anhand eines Balkenplans mit kontrollfähigen Meilensteinen ist in Abb. 3.7 wiedergegeben. Die strikte Verfolgung *(Tracking)* von Meilensteinen ist für eine zukunftsorientierte Status- Überwachung von allergrößter Bedeutung.

3.4.2   Kostenkontrolle

Die Kontrolle der Kosten ist ein weiterer wichtiger Pfeiler der integrierten Projektüberwachung. Es geht dabei um die gründliche Erfassung der Ist-Kosten und des Obligo-Standes und deren Vergleich mit den geplanten Kosten zum Kontrollzeitpunkt *(time now)*. Die Kostenkontrolle findet auf der AP-Ebene statt.

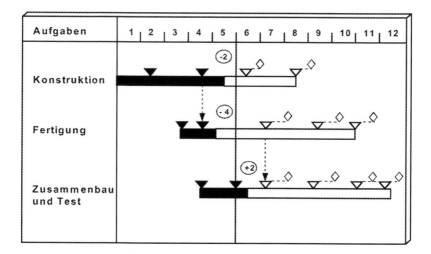

Abb. 3.7 Beispiel monatlicher Statusbericht

Deshalb ist es wichtig, dass die AP-Leiter eine gründliche Kontrolle durchführen und die Ergebnisse entsprechend der PSP-Hierarchie bis zur Gesamtprojektebene hochaggregieren. Der aktuelle Kostenstatus ist eine wichtige Information für die Erstellung von:

- Zahlungsplänen
- firmeninterne Auslastungsplanung und
- *Earned Value Analysis;* s. Abschn. 3.4.6

3.4.3 Konfigurationsstatus

Die kontinuierliche Überwachung der einmal festgeschriebenen Konfigurations-basis ist eine äußerst wichtige Managementmaßnahme, die in ihrer Bedeutung hoch anzusetzen ist, denn es geht um viel Geld. Viele Projekte geraten aufgrund von unkontrollierten Änderungen der Konfigurationsbasis finanziell ins Schlingern. Firmen haben oft das Problem, dass ihre PLs in Zusammenarbeit mit den Ingenieuren des Auftraggebers aufgrund neuer Ideen Entwurfsänderungen annehmen oder vorschlagen und einleiten, ohne dass diese Änderungen bezüglich ihrer terminlichen und/oder finanziellen Auswirkungen auf das Projekt bewertet, offiziell erfasst und von der Projektleitung freigegeben wurden. Änderungen der Konfigurationsbasis, und das weiß jeder private Bauherr eines Hauses besonders gut, sind in den meisten Fällen mit zusätzlichen Kosten verbunden. Jede neue Idee, mag sie auch noch so gut sein, muss mit der Konfigurations-basis abgestimmt und vor ihrer Implementierung von der Projektleitung als eine Änderung freigegeben werden.

Um eine technische Änderung vornehmen zu können, muss folgender Prozess durchlaufen werden:

- Begründung zur Erfordernis der technischen Änderung
- Festlegung der Änderungsklasse durch denjenigen, der die technische Änderung beantragt – Erstellung eines Antrages für eine technische Änderung
- Einreichung des Änderungsantrages an den Auftraggeber
- Überprüfung des Antrages auf die daraus resultierenden Konsequenzen
- Annahme/Ablehnung oder Re-Klassifizierung der technischen Änderung und
- Implementation der technischen Änderung

Das setzt eine enge Zusammenarbeit zwischen dem Konfigurationsmanagement (CM), PL, ST, QS voraus, s. Abb. 3.8.

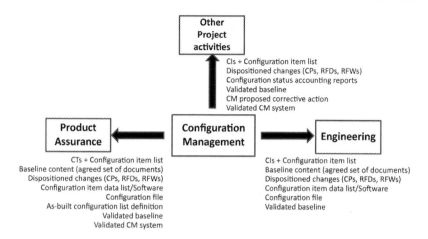

Abb. 3.8 Zusammenarbeit zwischen Konfigurationsmanagement (CM) PL, ST und QS

3.4.4 Technische Leistungsüberwachung

Die technische Leistungsüberwachung *(Technical Performance Control – TPC)* stellt eine sinnvolle Ergänzung zur Termin- und Kostenüberwachung dar. Erst mithilfe einer funktionierenden technischen Leistungsüberwachung kann eine integrierte Projektüberwachung erfolgreich durchgeführt werden. In anderen Worten, der PL muss sich neben der Termin- und Kostenüberwachung auch mit der technische Leistungsüberwachung oder *Technical Performance* Control (TPC) befassen. D. h. er muss den Erfüllungsstand von ausgewählten technischen Vorgaben des Systems, Untersystems usw. prüfen, um auf auftretende Probleme schnell reagieren zu können, [17]. Typische TPC-Parameter sind z. B. das Systemgewicht, Betriebsdauer, Betriebsspannung, etc.

In Abb. 3.9 ist ergänzend hierzu eine Trendanalyse wiedergegeben. Die Bedeutung von Trendanalysen wird im Zusammenhang mit der gezeigten Situation völlig klar, da sie bereits zu einem frühen Zeitpunkt auf einen drohenden Konflikt hinweisen. Aus dieser Abbildung geht hervor, dass zur Vermeidung eines sich anbahnenden Konflikts, in diesem Fall handelt es sich um einen Gewichtskonflikt, umgehend Maßnahmen einzuleiten sind. Hält man sich die in Abb. 3.9 gezeigte Tendenz vor Augen, so ist es nicht schwer, den Trend im Sinne einer *worst-case*-Analyse zu ermitteln.

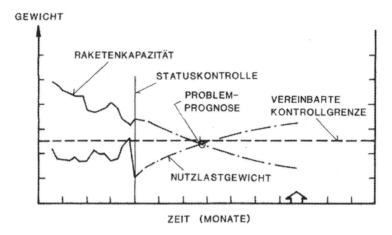

Abb. 3.9 Frühzeitige Erkennung einer Konfliktsituation [NASA]

3.4.5 Risikostatus

Der Projektleiter ist für die kontinuierliche Risikoüberwachung verantwortlich; s. a. 2.7. Das heißt die Projektleitung muss das Thema „*Risikoüberwachung*" als festen Tagesordnungspunkt führen. Das bestehende Risikopotenzial des Projektes und die inzwischen eingeleiteten Maßnahmen zur Risikobehebung oder -minderung sind im regelmäßig zu erstellenden Risikobericht festzuhalten. In diesem Zusammenhang sind Checklisten eine nützliche Hilfe für die Projektarbeit, z. B. auch, um alle Risiken und deren Ursachen zu erfassen. Nachfolgend ist eine Risiko-Checkliste wiedergegeben, die in Übereinstimmung mit dem Risikoregister eine nützliche Hilfe darstellt:

- Risikobezeichnung
- Ursprung des Risikos
- Risikoziel *(Tendenz)*
- Risikoauswirkungen
- Risikoklassifizierung
- Risikovernetzung mit anderen Risiken

3.4.6 Earned Value Management

Eine Königsdisziplin ist in dem Zusammenhang die „*Earned Value Management –
EVM*"-Methode, die zuerst 1966 im Rahmen des „*Cost/Schedule Control Systems –
C/SCS*"-Konzeptes in den USA entwickelt und eingesetzt wurde [18]. Das Verfahren
ist eine Managementerrungenschaft, aber die Anwendung macht vielen Managern
große Schwierigkeiten. Warum? Zunächst setzt es voraus, dass dem Projektleiter
belastbare Termin- und Kostendaten vorliegen und diese regelmäßig aktualisiert
werden. Das heißt, die erstellten Pläne und die darauf aufbauende Fortschrittskontrolle und deren Prognosen müssen auf harten Fakten beruhen. In Abb. 3.10
ist ein typisches Beispiel einer EVM-Darstellung wiedergegeben. Die Budget-
kurve (Plankosten PK) ist in klarer Relation zum Terminplan dargestellt. Zum
Kontrolldatum stellt sich die Situation wie folgt dar:

- das akkumulierte Budget 325.000 €
- die angefallenen Ist-Kosten 250.000 €
- der Arbeitswert *(erbrachte Leistung)* 140.000 €
- Terminverzug 2 Monate

Das heißt in diesem Fall: obwohl weniger Geld ausgegeben wurde, als im Budget
vorgesehen war (250 statt 325), wurde im Vergleich zum festgestellten Arbeitswert (140) zu viel abgerechnet (nämlich 250 statt 140). Eine Kostenbetrachtung
ohne Einbeziehung des Arbeitswertes, der sich aus dem 2-monatigen Verzug
errechnet, ist irreführend.

3.4.7 Integrierte Projektüberwachung

Projektleiter stehen oft vor der Situation, dass sie auf eine Vielzahl von Ereig-
nissen und vor allem auf Veränderungen schnell reagieren und wichtige Entscheidungen treffen müssen, denn bei Projekten handelt es sich nicht um
statische sondern dynamische Vorgänge. „*Die Rolle des Managements liegt im
intelligenten Reagieren auf Veränderungen*", so lautet ein Zitat von dem ehe-
maligen US-Verteidigungsminister Robert McNamara [19]. Auf das Gebiet
der Projektüberwachung übertragen bedeutet das, dass der Projektleiter oder
eine bevollmächtigte Person des Projektteams, z. B. der Project Controller, auf
Projektveränderungen schnell reagieren muss, um das einmal gesteckte Projektziel unter Einsatz geringster Mittel zu erfüllen. Man kann diesen Vorgang recht

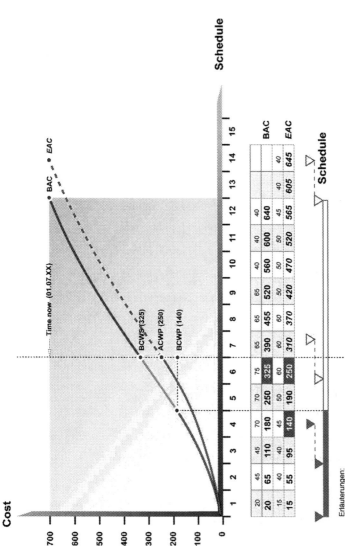

	1	2	3	4	5	6	7	8	9	10	11	12	13	14	15	
	20	45	45	70	70	75	65	65	65	40	40	40				
	20	65	110	180	250	325	390	455	520	560	600	640				BAC
	15	40	40	45	50	60	60	60	50	50	50	45	40	40		
	15	55	95	140	190	250	310	370	420	470	520	565	605	645		EAC

Erläuterungen:
ACWP   Actual Cost Work Performed (angefallene Kosten zum Berichtszeitpunkt)
EAC   Expected Actual Cost (erwartete Endkosten)
BAC   Budgeted Actual Cost (budgetierte Gesamtkosten)
BCWP   Budgeted Cost Work Performed – Earned Value (geschaffener Wert zum Berichtszeitpunkt)
BCWS   Budgeted Cost Work Scheduled (geplante Kosten zum Berichtszeitpunkt)

Abb. 3.10 EVM-Beispiel

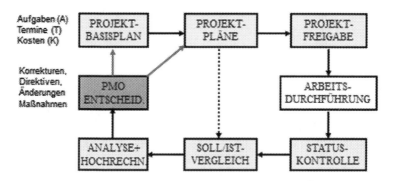

Abb. 3.11 Projektmanagement-Regelkreis

gut mit der Wirkungsweise eines Regelkreises, wie er in der Technik häufig vor-
kommt, vergleichen.

Für eine integrierte Projektüberwachung ist es erforderlich, dass zunächst die
in Abschn. 3.4.1 bis. 3.4.6 beschriebenen Kontrollen regelmäßig durchgeführt
werden. In Abb. 3.11 sind die Hauptelemente des Projektmanagement-Regel-
kreises in logischer Reihenfolge grafisch dargestellt und nachfolgend im Detail
(Schritte 1 bis 8) beschrieben. Die integrierten Projekt-Überwachungsprozesse
sind in Abb. 3.11 als Paket zusammengefasst.

1. Vertragsbasis: Aufgaben, Termine, Kosten.
2. Planung und Arbeitsorganisation: PSP, AP-Beschreibungen, Termin-, Ablauf-
   und Kostenpläne
3. Arbeitsfreigabe *(Authority to Proceed – ATP):* Beginn des regelmäßigen Über-
   wachungsprozesses
4. Arbeitsdurchführung: Durchführung von Projektarbeiten
5. Erfassung Leistungsmessung, Arbeitsfortschritt, Mittelverbrauch und
   Änderungen (Soll/Ist-Vergleich)
6. Abweichungsanalyse und Korrekturmaßnahmen
7. Managemententscheidung: Einleitung von Korrekturmaßnahmen
8. Änderungsmöglichkeiten:
   a) Vertragsänderungen und/oder
   b) projektinterne Änderungen

Die integrierten Projekt-Überwachungsprozesse sind in Abb. 3.12 als Paket
zusammengefasst.

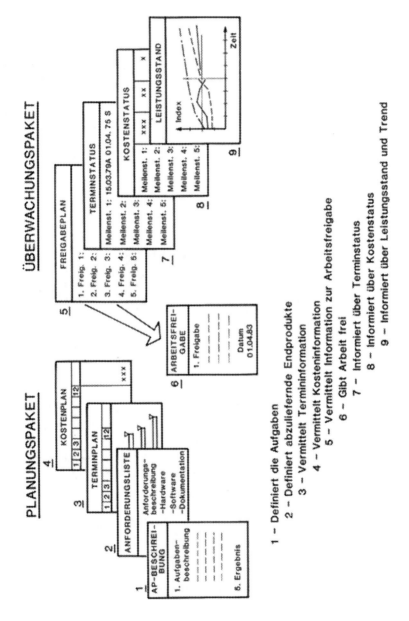

Abb. 3.12   Übersicht über typische Planungs- und Überwachungsinstrumente

Kosten und Verträge

4

Der Projektleiter trägt für die Kosten und Verträge die volle Verantwortung; s. Tab. 4.1. Das erfordert eine enge Zusammenarbeit des PL mit der Finanz- und Vertragsabteilung. Zu Beginn eines Projektes muss die Verfügbarkeit von adäquaten Ressourcen und finanziellen Mitteln gesichert sein. Außerdem ist zu prüfen, ob das Unternehmen über ausreichend qualifiziertes Fachpersonal verfügt. Um Engpässe zu überwinden, werden Projekte deshalb oft in Kooperationen und/ oder mit Partnern durchgeführt; s. Abschn. 3.1.4.

4.1 Projektkosten

Ein professionelles Kostenmanagement ist für Projekte eine Grundvoraussetzung. Der Projektleiter (PL) muss auf ein professionelles Kostenmanagement zurückgreifen können. Zu Projektbeginn müssen realistische Kostenpläne erarbeitet werden. Bei komplexen Großprojekten kann es erforderlich sein, dass das Kostenmanagement während der Projektlaufzeit organisatorisch in die PM-Organisation eingegliedert wird; s Abb. 3.1.

4.1.1 Lebenszykluskosten (LZK) und Design to Cost (DTC)

Zur finanziellen Beurteilung von Projekten und deren Rentabilität ist zu Projektbeginn die Ermittlung der Kosten aller Projektphasen, d. h. der Lebenszykluskosten (LZK), erforderlich. Das stellt für die PL eine große Herausforderung dar, denn zu Projektbeginn ist der Kenntnisstand des Projektes noch relativ gering. Anhand von Erfahrungswerten weiß man, dass die Fertigungs- und Betriebskosten *(Phasen D*

B.-J. Madauss, *Was Projektleiter wissen müssen,* essentials,
https://doi.org/10.1007/978-3-662-65301-2_4

Tab. 4.1   Kosten und Verträge

Kernaufgaben	Detaillierte Kernauf-gaben	Anwendung			Ref.: B.-J. Madauss Projektmanagement [1]
		GP	MP	KP	
4.1. Projektkosten	4.1.1 Lebenszyklus-kosten & DTC	X	X	X	Abschn. 10.6 LZK-Reduzierung, S. 423
	4.1.2 Kostenermittlung	X	X	X	Abb. 10.1.2 Schätz-methoden, S. 379
	4.1.3 Kostenschätzmodelle	X	O	N	Abschn. 10.3.4 Kostenschätzmodelle, S. 407
4.2. Projektverträge	4.2.1 Vertragsinhalte	X	X	O	Abschn. 13.1.1 Projektverträge, S. 486
	4.2.2 Vertrags-änderungen	X	X	O	Abschn. 13.3.3 Vertragsänderungen (Change Notice), S. 507

GP – Komplexe Großprojekte **X** nominale Aufgabe
MP – Mittelgroße Projekte **O** optionale Aufgabe
KP – Kleinprojekte **N** nicht erforderlich

und E) oft um ein Vielfaches höher als die Entwicklungskosten (Phase C) sind; s. Abb. 2.3. Das zeigt klar die Bedeutung der LZK-Betrachtungen bereits in der Phase A trotz des noch relativ geringen Wissensstands. Deshalb greift man dann nach dem *top down*-Prinzip auf Kennzahlen zurück, die zwar keine sehr detaillierten Kosten-prognosen erlauben, aber für eine erste vorläufige Kostenaussage ausreichchen. Damit ist nicht eine sogenannte *„Daumenpeilung"* gemeint, sondern ein Ansatz, der auf der Basis von technischen Parametern beruht, wie z. B. Gewichtsangaben und Leistungsdaten. Wildemann spricht deshalb von einer … *„wirtschaftlich zweckmäßigen Prognosegenauigkeit"* [20].

4.1.2   Kostenermittlung

Die Kostenermittlung ist als eine Prognose der zu erwartenden Ausgaben für ganz bestimmte Vorgänge anzusehen. Aber sowohl in dem Wort schätzen als

auch in dem Wort Prognose steckt bereits eine Unsicherheit. Es ist eine Binsen-
weisheit, dass man sich selbstverständlich verschätzen kann, das heißt, man hat
entweder zu hoch oder zu niedrig geschätzt. Ganz ähnlich verhält es sich bei
einer Prognose, die eine Vorhersage aufgrund von Schätzungen darstellt. Die
Genauigkeit der Kostenermittlung bzw. Schätzgenauigkeit gewinnt immer mehr
an Bedeutung, da Fehleinschätzungen immer Anlass zur Kritik geben. Insbesondere bei der Realisierung öffentlicher Vorhaben gibt es häufig Meldungen
über Kostensteigerungen, bei denen neben anderen Faktoren auch die Qualität der
Kostenschätzung stets infrage gestellt wird. Um für ein zukünftiges Projekt eine
qualifizierte Kostenschätzung vornehmen zu können, benötigt man:

- entsprechende Hintergrundinformationen über den jeweiligen Vorgang
- ausreichend Zeit zur Schätzung und
- Erfahrungswerte von bereits abgeschlossenen Projekten *(benchmarking)*

Dadurch unterscheidet sich eine Schätzung *(estimation)* vom Raten *(guessing)*.
Selbstverständlich sind auch die Erfahrung des Schätzers und die verwendete
Schätzmethodik wichtig. Aber selbst unter den allergünstigsten Bedingungen
bleibt eine Schätzung was sie ist, nämlich eine Schätzung, auch wenn man wahl-
weise das Wort Ermittlung dafür verwendet. Die geschätzten Kosten für ein
Projekt sagen mit einer gewissen Wahrscheinlichkeit voraus, wieviel das Projekt,
bzw. ein Teilprojekt oder eine Phase, kosten wird. Nicht vorhersehbare Probleme
in der Entwicklung und inflationsbedingte Steigerungen lassen sich zwar ebenfalls abschätzen, in ihrer tatsächlichen Auswirkung jedoch nicht exakt vorher-
sagen. Andere Faktoren, wie z. B. Streiks und Baustopps, können in der Regel
nicht vorhergesagt werden, aber es ist gut, wenn man über einen finanziellen
Reservetopf verfügt. Wie kann man die Situation bewältigen? Es gibt unter-
schiedliche Schätzmethoden, die zu bestimmten Zeiten des Lebenszyklus zum
Einsatz kommen können. Jones und Niebisch haben die Methoden und ihre
Anwendung übersichtlich dargestellt: [21]; s. Abb. 4.1.

Die Erstellung eines detaillierten Projektkostenplans setzt voraus, dass der
PSP bis zur untersten Ebene gegliedert und die betreffenden AP-Beschreibungen
(Work Package Descriptions – WPD) definiert sind; s. Abb. 2.5. Ferner
müssen alle technisch notwendigen Vorgaben, z. B. Spezifikationen sowie
abgeschlossene Termin- und Ablaufplanung vorliegen. An dieser Stelle wird
darauf hingewiesen, dass Arbeitspakete im Prinzip Kleinprojekte darstellen
und auch dementsprechend nach den üblichen PM-Regeln zu führen sind. Auf
der Basis der zuvor genannten Unterlagen ist ein erfahrener Projektingenieur

SCHÄTZMETHODEN UND IHRE ANWENDUNG

METHODEN KRITERIEN	ANWENDUNGS-VORAUSSETZUNGEN	ANWENDUNGSGEBIETE	ANWENDUNGSBEGRENZUNG (NICHT EMPFEHLENSWERT)
I. JUDGEMENT ● EXPERT.-MEINUNG ● EDUCATED GUESS ● ROM	● EXPERTEN/ERFAHRUNG ● GROBE PRODUKTDEFINITION ● ANALOGIE-MATERIAL	● FROHSTADIUM ● SITUATIONEN O.RISIKO ● UNABHÄNGIGE CROSS-CHECKS (GROSSENORD-NUNG) ● BUDGETSCHÄTZUNGEN	● SUBJEKTIV ● UNDEFINIERTE GENAUIGKEIT ● NICHT VERWENDBAR FÜR DET. PREISVERHANDLUNG
II. PARAMETRISCH ● CER ● STATISTIK ● MODELLE ● KOSTENFORMEL	● HISTORISCHE DATEN ● REGRESSIONSANALYSEN ● CER-MATERIAL	● KONZEPTVERGLEICHE ● BUDGETPLANUNG ● ANGEBOTSAUSWERTUNG ● UNABHÄNGIGE CROSS-CHECKS	● EXTRAPOLATION VON DATEN-BANKEN U. MODELLEN OFT SCHWIERIG (FALLS DEF.FEHLT) ● SCHÄTZGENAUIGKEIT FRAGLICH
III. DETAILLIERT ● AP-SCHÄTZUNG ● AV-SCHÄTZUNG ● KOSTENFORMEL	● ZEITPLANUNG (PERT,usw.) ● SOW u. SPEZIFIKATION ● DETAILL. TECHN. MATERIAL ● PREISANGEBOTE	● SITUATION m.h. RISIKO ● PREISVERHANDLUNGEN	● TEUER u. ZEITAUFWENDIG (NICHT IM FROHSTADIUM EINSETZEN) ● GERINGE FLEXIBILITÄT ● KANN ZU KOSTENSTEIGERUNG FÜHREN (FALLS ZU DETAILL.)

Erklärungen: AP = Arbeitpaket   ROM = Rough Order of Magnitude
                 AV = Arbeitsvorbereitung   PERT = Program Evaluation and Review Technique
                 CER = Cost Estimation Relationship   SOW = Statement of Work

Abb. 4.1   Schätzmethoden und ihre Anwendung

(AP-Manager) in der Lage, die erforderlichen Mengenansätze und Kosten abzuschätzen. In Abb. 4.2 ist ein Standardformat eines *„Personal- und Kostenplans"* der ESA wiedergegeben [22].

Das Thema Kostenermittlung muss man Fachleuten überlassen. Unternehmen mit einer Angebotsabteilung sind in der Lage, verlässliche Kosten zu schätzen, denn sie greifen auf Erfahrungswerte abgeschlossener Projekte und Profis zurück. Schwierig wird es aber immer dann, wenn in den Frühphasen, in denen noch keine gesicherten Planungsunterlagen vorliegen, bereits treffsichere Schätzungen abzugeben sind. Es reicht oft nicht, eine Kostenschätzung vorzulegen ohne ergänzende Zusatzinformationen über die Vertrauenswürdigkeit. Wie zuverlässig ist die Schätzung? Gibt es Angaben zur Genauigkeit und/oder Vertrauenswürdigkeit der vorgenommenen Kostenschätzung? Bei Vertragsverhandlungen und der damit verbundenen Preisgestaltung spielt die Kenntnis über die Qualität der Kostenschätzung eine große Rolle. Es ist risikoreich, Projekte oder Projektbereiche, für die Kosten mit zweifelhafter Vertrauenswürdigkeit geschätzt wurden, mit einem Festpreis abzuschließen, es sei denn, es wurden entsprechende Rücklagen in den Festpreis mit einbezogen.

PROJECT: LV SM-05
PROPOSAL-Nr.: 4711
National Currency: UAH
WP-Titel: Working Tests
WP-Nr.: 320

WORKPACKAGE MANPOWER AND COSTPLAN

Issue date: Oct 10, 2014
Time periods after contract award (Labour Hours)

LABOUR EFFORT (HOURS)

COSTCATEGORIES	Jul	Aug	Sep	Oct	Nov	Dec	Jan	Feb	Mar	Apr	May	Jun	NC/€ HOURS
Engineering	80	50	150	200	300	250	100	100	80				1,360
Design				20	80	60							160
Manufacturing	80		80	80	120	50							330
Test Support	60	60	100	180	180	120	60	60					760
Group 5													0
Others													0
TOTAL LABOUR	140	110	330	480	680	480	180	180	80	0	0	0	2,610

LABOUR COST

COSTCATEGORIES	Hourly Rate	Jul	Aug	Sep	Oct	Nov	Dec	Jan	Feb	Mar	Apr	May	Jun	NC	€
Engineering	1,250.00	100,000.00	62,500.00	187,500.00	250,000.00	375,000.00	312,500.00	125,000.00	187,500.00	100,000.00	0.00	0.00	0.00	1,700,000.00	101,337.00
Design	1,050.00	0.00	0.00	0.00	21,000.00	84,000.00	63,000.00	0.00	0.00	0.00	0.00	0.00	0.00	168,000.00	10,014.48
Manufacturing	1,470.00	0.00	0.00	117,600.00	117,600.00	176,400.00	73,500.00	0.00	0.00	0.00	0.00	0.00	0.00	485,100.00	28,916.81
Test Support	940.00	56,400.00	56,400.00	94,000.00	169,200.00	169,200.00	112,800.00	56,400.00	0.00	0.00	0.00	0.00	0.00	714,400.00	42,585.38
Group 5				0.00	0.00	0.00	0.00	0.00	0.00	0.00	0.00	0.00	0.00	0.00	0.00
Others				0.00	0.00	0.00	0.00	0.00	0.00	0.00	0.00	0.00	0.00	0.00	0.00
TOTAL LABOUR COST		156,400.00	118,900.00	399,100.00	557,800.00	804,600.00	561,800.00	181,400.00	187,500.00	100,000.00	0.00	0.00	0.00	3,067,500.00	182,853.68

NON LABOUR COST

COSTCATEGORIES		Jul	Aug	Sep	Oct	Nov	Dec	Jan	Feb	Mar	Apr	May	Jun	NC	€
Material			300,000.00		100,000.00	100,000.00								500,000.00	29,805.00
External Services						100,000.00	100,000.00							200,000.00	11,922.00
Travel & Subsistance														0.00	0.00
Insurance				200,000.00		500,000.00								500,000.00	29,805.00
Others														0.00	0.00
														0.00	0.00
														0.00	0.00
														0.00	0.00
TOTAL NON LABOUR COST		0.00	300,000.00	200,000.00	100,000.00	600,000.00	0.00	0.00	0.00	0.00	0.00	0.00	0.00	1,200,000.00	71,532.00

		Jul	Aug	Sep	Oct	Nov	Dec	Jan	Feb	Mar	Apr	May	Jun		
TOTAL COST	(NC)	156,400.00	418,900.00	599,100.00	657,800.00	1,404,600.00	561,800.00	181,400.00	187,500.00	100,000.00	0.00	0.00	0.00	4,267,500.00	
TOTAL COST	(€)	9,323.00	24,970.63	35,712.35	39,211.46	83,728.21	33,488.90	10,813.25	11,176.88	5,961.00	0.00	0.00	0.00	254,385.66	

Conversion Rate: 0.05961

Note: Only Standard Hourly Rates to be applied including Overheads, but without Profit and Risk Margins

Abb. 4.2 Standard AP Personal- und Kostenplan

Bei jeder Kostenschätzung sollte man idealerweise auch über die Qualität oder Vertrauenswürdigkeit der Schätzung Auskunft geben. Um das Vertrauen in die Schätzung ausdrücken zu können, bedarf es aber einer detaillierten Analyse darüber, wie es zu den geschätzten Mengen und Kosten gekommen ist. Die Bestimmung der Vertrauenswürdigkeit in eine Kostenschätzung hängt von mehreren Faktoren, wie z. B. der Schätzzeit ab; s. Abb. 4.3.

4.1.3 Kostenschätzmodelle

Kostenschätzung ist Vorhersage aufgrund von Erfahrung. Für eine qualitativ hochwertige Kostenschätzung ist es wichtig, dass der Schätzer erprobte Methoden anwendet und über Produktkenntnisse verfügt. Die in der Vergangenheit gewonnenen Erfahrungswerte (Datenbank) sind eine weitere wichtige Voraussetzung. Bei parametrischen Kostenschätzungen mit CERs *(Cost Estimating Relationships)* und/oder Kostenschätzmodellen spielen Erfahrungsdaten eine wichtige Rolle. Die Anwendung von CERs setzt voraus, dass zwischen dem Bauteil, für das eine Kostenschätzung erstellt wird, und den Referenzbauteilen, die für die CER-Entwicklung herangezogen wurden, eine Beziehung besteht. In anderen Worten, es muss erst ein Zusammenhang bestehen. Inputdaten sind z. B. die Masse, elektrische Leistung, Komplexität, Einsatzbereiche, Technologiestand und Termine.

Vertrauen in die Schätzung	SCHÄTZKONDITIONEN		
	Schätzzeit	Produktkenntnis	Schätzmethode
HOCH	angemessen lang	hervorragend (Expertenwissen liegt vor)	erprobte Methode vorhanden
MITTEL	gerade ausreichend	teilweise vorhanden (Expertenwissen teilweise vorhanden)	teilweise sind Methoden vorhanden
NIEDRIG	zu kurz	nicht vorhanden (kein Expertenwissen)	keine Methoden vorhanden

Abb. 4.3 Schema zur Ermittlung der Schätzgenauigkeit

Mit der fortlaufenden Verfeinerung parametrischer Kostenschätzmethoden und der Verfügbarkeit leistungsfähiger SW-gestützter Datenbanken lag es nahe, kommerzielle Kostenschätzmodelle zu entwickeln. Universell anwendbare Modelle, die auf Regressionsanalysen basieren, sind am Markt vorhanden. Das Kostenschätzmodell 4cost-aces, [23] ist z. B. universell von einfachen stationären Produkten bis zu komplexen Raumfahrtgeräten einsetzbar; s. a. Abb. 4.4. Die Abbildung verdeutlicht, dass die Kosten u. a. stark vom Einsatzbereich (EnvirP) abhängig sind.

4.2 Projektverträge

Bei Kundenprojekten wird die Zusammenarbeit zwischen den Partnern normalerweise vertraglich geregelt. Projektverträge sollen die zwischen dem Auftraggeber (AG) und Auftragnehmer (AN) getroffenen Vereinbarungen über den Liefer- und Leistungsumfang, Termine und Zahlungsmodalitäten definieren [24].

Abb. 4.4 Leistung und Gegenleistung im Werksvertrag.

4.2.1 Vertragsinhalte

Der Vertrag ist das Bindeglied zwischen dem Auftraggeber und dem Auftragnehmer und ein wichtiges Bezugsdokument zwischen den Partnern. In ihm

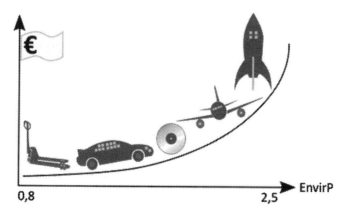

Abb. 4.4 Symbole der Einsatzbereiche des Kostenschätzmodells 4cost-aces

sind die Leistungen und Verpflichtungen der Parteien sowie die juristischen Regelungen festgelegt. Die Abfassung von Projektverträgen setzt eine enge Zusammenarbeit von Spezialisten, z. B. Juristen, Techniker, Manager und Betriebswirte, voraus, da es sich um eine interdisziplinäre Aufgabe handelt. Die Zusammenarbeit bringt es mit sich, dass die Spezialisten ihre jeweiligen Standpunkte an geeigneter Stelle in das Vertragswerk einbringen. Das sollte vorzugsweise in Form eines modularen Vertragsaufbaus geschehen.

Insbesondere bei größeren Vorhaben sind deshalb Spezifikationen und Pflichtenhefte in den Vertrag als Anlagen einzugliedern; der modulare Vertragsaufbau sieht vor, dass der Hauptteil alle juristischen Regelungen beinhaltet und die detaillierten technischen Unterlagen als Anlage zum Vertrag enthalten sind. Das hat sich in der Praxis bewährt. Schwierig zu handhaben und oftmals auch sehr verwirrend ist dagegen eine Vertragsgliederung, bei der technische, betriebswirtschaftliche, juristische, und administrative Fakten durcheinandergewürfelt werden. *„Die modulare Gliederung von Vertragsunterlagen hat den Vorteil, dass die jeweiligen Spezialisten unabhängig voneinander Verhandlungen führen können, ohne dass das gesamte Team gleichzeitig verhandeln muss"* [25]. Das heißt, die einzelnen Vertragselemente können getrennt voneinander durch die jeweiligen Spezialisten bearbeitet werden und erst bei der Gesamtzusammenstellung und -verhandlung der Vertragsunterlagen kommen sämtliche Spezialisten zusammen, um das Vertragsdokument gemeinsam zu verabschieden. Im Prinzip könnte ein Projektvertrag z. B. wie folgt gegliedert werden – Minimuminhalte: [25, 26]

1. Definitionen
2. Vertragsgegenstand
3. Projekttermine
4. Lieferungen und Leistungen
5. Preis- und Zahlungsbedingungen
6. Inspektionen und Abnahmen
7. Patente
8. Freigabe vertraulicher Unterlagen
9. Garantieleistungen
10. Force Majeur
11. Änderungen
12. Vertragskündigung
13. Management und Schlüsselpersonal

14. Berichterstattung
15. Vertraulichkeitsvereinbarung
16. Sprache und Kommunikation
17. Anwendbares Recht
18. Schiedsgericht

Der modulare Vertragsaufbau sieht vor, dass der Hauptteil alle juristischen Regelungen beinhaltet und detaillierte technische oder administrative Unterlagen als Anlage zum Vertrag enthalten sind. Das hat sich in der Praxis bewährt. Typische Anlagen zum Vertrag:

i. Pflichtenheft (Statement of Work – SOW)
ii. Systemspezifikation
iii. QS-Spezifikation
iv. Test- und Abnahmeplan
v. Terminplan
vi. Kostenplan (optional)

4.2.2 Vertragsänderungen

Eine Vertragsänderung kann vom Auftraggeber (AG) oder vom Auftragnehmer (AN) durch einen Änderungsantrag *(Contract Change Notice – CCN)* ausgelöst werden. Änderungen werden in der Regel von einem Änderungsgremium *(Change Control Board – CCB)*, in dem beide Partner paritätisch vertreten sind, verabschiedet. Der Änderungsantrag muss folgende Punkte enthalten [27]:

• Vorgesehenes Implementationsdatum für die Vertragsänderung
• Änderungsbeschreibung
• Änderungsbegründung
• Auswirkungen der Änderung auf Termine, Kosten oder auf andere Aspekte
• Technische Auswirkungen und Konsequenzen der Änderung auf das Projektziel
• Identifikation der durch die Änderung betroffenen Arbeitspakete
• Geschätzte Änderungskosten
• Genehmigung durch die Vertragspartner

Genehmigte Vertragsänderungen sind Bestandteil des Vertrages, und zwar in Form eines Zusatzes, einer Streichung oder einer Revision. In einigen Branchen wird auch der Begriff *„Nachforderungsmanagement"* anstatt Änderungsmanagement verwendet und ist auch als *Claim Management* bekannt. Beide, der AG und der AN, haben die Möglichkeit, eine Vertragsänderung zu beantragen.

Was sie aus diesem *essential* mitnehmen können

- Einen Projektmanagement-Fahrplan (road map): vom Ziel bis zu den Kosten
- Die Hauptelemente einer integrierten Projektüberwachung
- Eine Beschreibung des Earned Value Management (EVM) – Konzepts

B.-J. Madauss, *Was Projektleiter wissen müssen,* essentials,
https://doi.org/10.1007/978-3-662-65301-2

Anhänge

A. Verwendete Begriffe

Folgende Begriffe wurden in diesem Buch mehrfach verwendet:

1. **Produkt.** Ein materielles oder immaterielles Gut, das Ergebnis eines Produktionsprozesses ist oder eine Dienstleistung, wie z. B. ein technisches Gerät, ein Medikament, eine Dokumentation oder ein Service.
2. **Projekt.** Ein außergewöhnliches Vorhaben mit definiertem Beginn und Abschluss, das sich im Gegensatz zu den regelmäßig wiederkehrenden Arbeitsabläufen eines Unternehmens durch folgende Merkmale beschreiben lässt: zeitliche Begrenzung, Innovation, technologische und/oder organisatorische Komplexität.
3. **Projektleiter (PL).** Es werden die bekannten deutschen Bezeichnungen „Projektleiter (PL) und Projektleitung (PL)" gleichbedeutend mit den englischen Bezeichnungen „Projektmanager (PM) und Projektmanagement (PM)" verwendet. Die im Text verwendete männliche Form gilt für alle Geschlechter gleichermaßen.
4. **Review (Überprüfung).** Ergebnisbesprechung, Verifizierung, Inspektion, Examinierung oder Check Out.
5. **Spezifikation.** Ein technisches Dokument, das die Leistungsanforderungen an ein Systems, Teilsystem, Komponenten, Software oder Funktion beschribt.
6. **System.** Ein aus mehreren miteinander vernetzten Teilsystemen, Komponenten, Software oder Funktionen bestehendes Ganzes.

B. Verwendete Projektgrößen

Firma/Projektvolumen/ Laufzeit	Kleinprojekt (KP)	Mittelgroßes Projekt (MP)	Großprojekt (GP)
Großunternehmen			
• Projektvolumen • Laufzeit	Bis 2 Mio. € Bis max. 1 Jahr	Bis 10 Mio. € Bis max. 2 Jahre	ab 10 Mio. € ab 5 Jahre
Mittelgroßes Unternehmen			
• Projektvolumen Laufzeit	Bis 1 Mio. € Bis max. 2 Jahre	Bis 5 Mio. € Bis max. 3 Jahre	Bis 10 Mio. € Bis max. 5 Jahre
Kleinunternehmen			
• Projektvolumen Laufzeit	Bis 100 Tausend € Max. 6 Monate	Bis 500 Tausend € Bis max. 1 Jahr	Bis 1 Mio. € Bis max. 2 Jahre

Literatur

1. Madauss, Bernd-J.: Projektmanagement – Theorie und Praxis aus einer Hand, 8. Aufl., 2021/22
2. Quelle 1, Abb. 9.2, S. 288
3. Quelle 1, Tab. 17.1, S. 611
4. DIN 69901-5 (R. Fischer)
5. Juran, J. M. und Gryna, Frank M. (Jr.): Quality Planning and Analysis, McGraw-Hill Book Company, N. Y., 1980, S. 168
6. Juran J.M.: Der neue Juran – Qualität von Anfang an, Verlag mi, Landsberg/Lech, 1993, S. 28
7. Batson, R.G.: Program Risk Analysis Handbook, NASA TM-100311, 1987, Anlage B
8. Pausenberger und Nassauer: Governing the Corporate Risk Management Function, in: Frenkel Michael, Hommel Ulrich, Rudolf Markus: Risk Management, Springer Verlag Berlin Heildelberg New York, 2000, S. 273
9. Herzberg, Frederick: Work and the Nature of Man, Staples Press, 1968, S. 95
10. Oelsmitz, Dietrich von der: Management, Verlag C.H. Beck, München 2009, S. 99
11. Martin, Charles C.: Project Management – How to make it work, AMACOM, 1976, S. 49
12. ESA, ECSS-M-50A, 1996, S. 7
13. Wahl, Manfred P.: Grundlagen eines Management-Informationssystems, Luchterhand Verlag, S. 123
14. Aucoin, B. Michael: From Engineer to manager mastering the transition, Artech House, Inc., Boston – London, 2002, S. 200
15. Schrader, Einhard, Straub, Walter G.: Darstellungstechniken und Techniken zur Auswahl und Verdichtung von Informationen, München
16. Redewendung, die dem russischen Politiker Lenin zugeschrieben wird
17. Miller, A. E.: Technical Performance Measurement Guidelines for a Compliant System, in: GE-Report (ohne Nr. und Ausgabedatum)
18. USAF System Command: C/SPCS Symposium Summation, 10–11 August 1966
19. Servan-Schreiber, J. J.: Die amerikanische Herausforderung, Hoffmann und Campe Verlag, Hamburg, 1968, S. 94

© Der/die Herausgeber bzw. der/die Autor(en), exklusiv lizenziert an Springer-Verlag GmbH, DE, ein Teil von Springer Nature 2022
B.-J. Madauss, *Was Projektleiter wissen müssen,* essentials,
https://doi.org/10.1007/978-3-662-65301-2

20. Wildemann, Horst: Kostenprognosen bei Großprojekten, C. E. Poeschel Verlag, Stuttgart, S. 160

21. Jones, Ray D. und Niebisch, Klaus: Cost Estimating Techniques, INTERNET Expert Seminar on Cost Control in Project Control, Zürich, 1975

22. ESA Kostenformate, ECSS-M-ST-60C, July 2008

23. 4cost GmbH, Berlin

24. Weber, Kurt E.: Vertragsgestaltung und Vertragsmanagement bei Projekten – Juristische Grundlagen und Probleme, Rechtsanwalt, Kanzlei Weber, München, IIR Frankfurt, August 1994

25. Madauss, Bernd-J.: Planung und Überwachung von Forschungs- und Entwicklungsprojekten, AIB-Fachliteratur, Bad Aibling, S. VII15, VII16

26. ESA: »General Clauses and Conditions for ESA Contracts«, ESA-Document ESA/C/290, Rev. 2

27. ESA: Project Control Requirements and Procedures for Major Procurement Actions, Phase C/D System Development and Production, ESA-Document PSS-33, Issue 1

Printed in the United States
by Baker & Taylor Publisher Services